Rösch/Volkmann

Bau-Projektmanagement für Architekten und Ingenieure

Terminplanung mit System

D1726177

Rösch\Volkmann

BAU PROJEKT MANAGEMENT

Terminplanung mit System

für
Architekten und Ingenieure

 Rudolf Müller

Die Deutsche Bibliothek – CIP-Einheitsaufnahme

Rösch, Wolfgang:
Bau-Projektmanagement
Terminplanung mit System
für Architekten und Ingenieure /
Wolfgang Rösch ; Walter Volkmann. –
Köln : R. Müller, 1994
ISBN 3-481-00692-6

NE: Volkmann, Walter:

ISBN 3-481-00692-6

© Verlagsgesellschaft Rudolf Müller
    Bau-Fachinformationen GmbH, Köln 1994
Alle Rechte vorbehalten
Umschlaggestaltung: Andreas Lörzer, Köln
Satz: Fotosatz Froitzheim GmbH, Bonn
Druck: Druckerei A. Hellendoorn KG, Bad Bentheim
Printed in Germany

Die vorliegende Broschur wurde auf umweltfreundlichem Papier
aus chlorfrei gebleichtem Zellstoff gedruckt.

Vorwort

Die Planung und Realisierung von Investitionsprojekten ist zunehmend komplexer geworden. Die Anforderungen der Projektumwelt steigen stetig. Verschärfte Umweltstandards, schwierige Genehmigungsverfahren und Widerstände in der Öffentlichkeit führen zu langen und problematischen Projektdurchlaufzeiten. Demgegenüber stehen Bauherren, die immer mehr den Wettbewerbsdruck spüren und deshlab an kurzen Projektdurchlaufzeiten interessiert sind. Bei der Planung von Großprojekten im Rahmen einer gezielten Standortpolitik kann es oft sogar um die Wettbewerbsfähigkeit und Zukunft ganzer Regionen gehen.

Für die Wettbewerbsfähigkeit der Planungsbüros und der Bauwirtschaft ist entscheidend, daß die Methoden und Prozesse auf die Kundenbedürfnisse ausgerichtet sind. Unsere Auftraggeber erwarten ein durchgehendes Qualitätsmanagement mit verkürzten Projektdurchlaufzeiten. Planungs- und Bauzeit sind mitentscheidend für die Rentabilität des bei einer Bauinvestition eingesetzten Kapitals.

Das Annehmen dieser Herausforderung bedeutet für den Bauplaner, ähnlich dem in der Industrie Verantwortlichen, eine Überprüfung der Abläufe und eine Prozeßinnovation.

Dr. Wolfgang Rösch und Walter Volkmann, die Autoren dieser Publikation, haben in der Praxis seit vielen Jahren bewiesen, daß diese Ziele mit adäquater Planungsorganisation und effizientem Terminmanagement erreicht werden können. Sie haben damit auch einen wichtigen Beitrag zur Kostensenkung von Bauinvestitionen geleistet. Das Zertifikat für ein Qualitäts-Management-System nach DIN ISO 9001 ist ihrer Organisation kürzlich erteilt worden.

Wir freuen uns, daß die Autoren ihre Erfahrungen über systematische Organisation und effizientes Terminmanagement veröffentlichen und wünschen der Publikation große Resonanz bei Auftraggebern, in der Bauwirtschaft und bei Architekten und Ingenieuren in den Planungsbüros.

Hans-Rudolf A. Suter
Dipl.-Ing. Architekt

Einleitung

Mit dieser Veröffentlichung verfolgen die Autoren zwei Ziele. Sie möchten einmal die Grundlagen einer systematischen Terminplanung aufzeigen, in der sich drei Darstellungen (Bild 12) gegenseitig ergänzen und unterstützen (Teil A). Zweitens möchten sie für alle Terminplaner allgemein verbindliche Regeln der Planungsorganisation und -terminierung zur Diskussion stellen (Teil B). Zur Stunde geben weder die HOAI noch die Normung dem Architekten und Bauingenieur die erforderlichen Hilfen und Richtlinien für die Koordination aller Planer und die eigentliche »Planung der Planung« in den Phasen 5 bis 8 der HOAI.

Das Buch ist als »Bilderbuch« konzipiert, bei dem jede Textseite eine Abbildung entspricht, auch wenn dieses Prinzip nicht immer durchgehalten werden konnte. So wie im Gehirn Bildhaftes und Logisches je eine Hälfte beanspruchen, so soll auch dem Leser der mitunter spröde Stoff so anschaulich und leicht faßlich wie möglich präsentiert werden.

Die Veröffentlichung vernachlässigt bewußt eine wichtige Darstellungsform der Terminplanung, den Netzplan. Hierüber gibt es seit Jahrzehnten ausgezeichnete Publikationen, etwa Literatur Nr. 2 und 12 (Seite 153 ff.). Vielmehr sollte auf die bisher nur beschränkt angewendete und wenig bekannte grafische Ablaufplanung hingewiesen werden, die qualitativ hochwertige Abläufe liefert und mit deren Hilfe in vielen Terminplänen Logikfehler nachgewiesen werden können (Bild 11).

Vorschläge und Kritik sind den Verfassern willkommen, weil auch die vorliegende Veröffentlichung ohne zahlreiche Anregungen von dritter Seite nicht zustandegekommen wäre. Die beschriebenen Methoden haben sich in der Planungs- und Steuerungspraxis vielfach bewährt und bestätigt. Sie werden ständig verfeinert und ergänzt mit dem Ziel, noch mehr Transparenz ins Projekt zu bringen und die Terminplanung in der Projektsteuerung zu einer allgemein anerkannten, brauchbaren Arbeitshilfe zu entwickeln.

Wolfgang Rösch   *Walter Volkmann*

Inhaltsverzeichnis

Teil A: Grundlagen einer systematischen Terminplanung bei Bauprojekten

Teil B: Terminierung und Organisation des Planungsprozesses

Teil C: Anhang

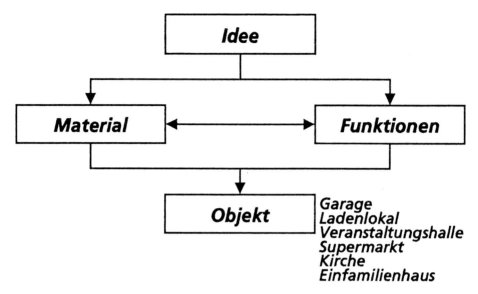

Bild 1: Grundlagen der Gestaltung

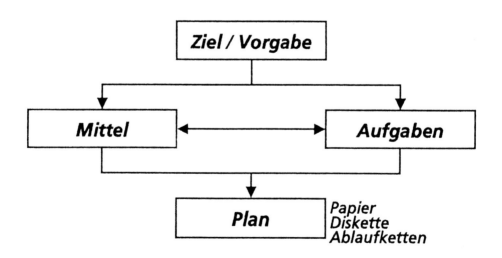

Bild 2: Grundlagen der Planung

Teil A: Grundlagen einer systematischen Terminplanung bei Bauprojekten

0 Zu Beginn: Einige Definitionen

(Nr. 1–6 angelehnt an
REFA-Methodenlehre)

Zum besseren Verständnis sollen die wichtigsten Begriffe kurz beschrieben und verständlich gemacht werden. Obwohl die meisten entweder bekannt oder selbsterklärend sind, könnte es Mißverständnisse geben, die zu falschen Schlußfolgerungen führen.

0.1 Gestalten

Die Parallelität von Gestaltung und Planung wird auf den Bildern 1 und 2 dargestellt. Während die Gestaltung sich mit den Funktionen und dem Objekt beschäftigt, seinen Elementen und deren Relationen zueinander, sind für die Planung Ziele und daraus abgeleitete Aufgaben typisch.

0.1.1 Entwerfen und Gestalten

»Gestalten ist das schöpferische Formen und Ordnen von Objekten, ihrer (funktionalen) Elemente und der Beziehungen untereinander.«

Gestaltungsobjekte beim Bauen sind Gebäude, Räume und Raumfolgen sowie Freianlagen. Gesichtspunkte der Gestaltung können u. a. sein

– Funktionen (Zweck und Sinn)
– Materialien
– Fertigungsmöglichkeiten
– Beschaffungsfragen

– Technische Probleme
– Umweltprobleme
– Psychologie und Physiologie
– Stand der Technik
– Wirtschaftlichkeit
– Wettbewerbsprobleme.

Gestaltung und Entwurf lassen sich meist gut von der Planung trennen. Gestaltungsfragen sind Sache des Architekten (§ 15 HOAI), während viele Planungsfragen dem Bauherrn und dessen Stellvertreter, dem Projektsteuerer (§ 31 HOAI) zugeordnet werden. Das Entwurfsergebnis wird in Zeichnungen festgehalten, die vom Architekten gefertigt werden.

Soweit es die eigene Planungsorganisation betrifft, muß der Entwerfer selbstverständlich ebenfalls planen und terminieren. Dies wird mit wachsender Größe und Komplexität der Bauten immer wichtiger (Bild 1).

0.2 Planung

0.2.1 Planung und Steuerung

»Planen ist das systematische Suchen und Festlegen von Zielen, sowie der daraus abgeleiteten Aufgaben und Mittel zur Zielerreichung. Das Ergebnis der Planung ist ein Plan mit SOLL-Vorgaben, deren Einhaltung überwacht und gesteuert (kontrolliert) werden kann« (Bild 2).

Pläne fertigt der Planer, also eine systematisch organisierende, ordnende und leitende Persönlichkeit. Es gibt zahlreiche Pläne im Bauwesen: Terminpläne, Kostenpläne, Mitteleinsatzpläne, Finanz- und Zahlungs-

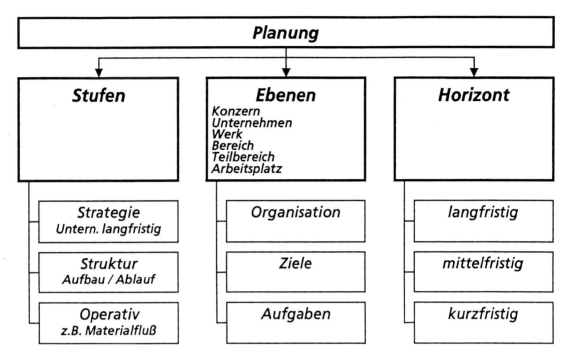

Bild 3: Planen

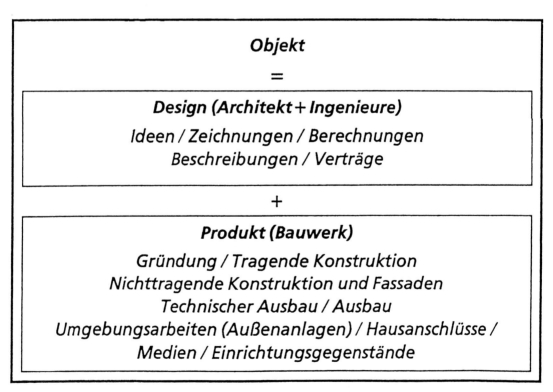

Bild 4: Design und Produkt ergeben das Objekt

pläne, Personalpläne, um nur die wichtigsten zu nennen. Im Gegensatz zu *objekt*-orientierten Zeichnungen sind Pläne *ziel*-orientiert.

Sie legen für die Zukunft Abläufe und Prozesse fest, die meist in Projekten zusammengefaßt sind.

0.2.2   Planungshorizont

Wir unterscheiden Planungshorizonte, Planungsebenen und Planungsstufen. Planungshorizonte berücksichtigen den Zeitraum einer Planung: langfristig (Jahrzehnte), mittelfristig (Jahre, Halbjahre) und kurzfristig (Monate, Wochen, Tage). Die Kombination aller drei Horizonte ist derart, daß nur der kurzfristige Bereich bis ins letzte detailliert wird. Diese Kombination nennen wir »gleitende Planung« (Bild 3).

Hier wandert mit fortschreitender aktueller Zeit der besonders detaillierte Bereich (2 bis 4 Wochen) vom Start bis zum Ende des Projektes (Bild 81).

0.2.3   Planungsebenen

Planungsebenen sind hierarchisch aufgebaut, d. h. von oben nach unten unterteilt. Sie beschäftigen sich entweder mit der Verantwortlichkeit (Organisation), den Zielen und Aufgaben des Teams oder dem topologischen System (Objektgliederung). Technische Systeme lassen sich ebenfalls stufenweise untergliedern, und zwar nach ihren Funktionen oder anderen Gesichtspunkten (Bilder 3 und 7).

0.2.4   Planungsstufen

Planungsstufen spielen im Bauwesen so gut wie keine Rolle, sind aber dafür in der Betriebswirtschaft der Unternehmungen um so wichtiger. Unternehmensziele gehören zur strategischen Planung, die Beziehungen zur Umwelt (Standort und Nachbarn) gehören zur Strukturplanung, und die innerbetriebliche Materialflußplanung und ähnliche Aufgaben gehören zur operativen Planung.

0.3   Lenkung und Steuerung

»Steuerung beschäftigt sich mit der Veranlassung, Überwachung und Sicherung von Planungsaufgaben in der Gegenwart« (Bild 5).

0.3.1   Durchführung veranlassen

Durchführung veranlassen heißt, Programme aufstellen, Bedarf und Bestand ermitteln, Beschaffung und Bestellung, Konzeption von Arbeitsplänen und Terminen, Bereitstellung von Mitteln und das Projekt starten.

0.3.2   Überwachung der Durchführung

Die Überwachung der Durchführung wird auch »Fortschrittskontrolle« genannt. Sie erfaßt die Istdaten, vergleicht diese mit den Solldaten und bewertet bei Differenzen die Unterschiede zwischen Soll und Ist, indem sie fallweise Vorschläge zur Zielerreichung durch Korrekturmaßnahmen macht.

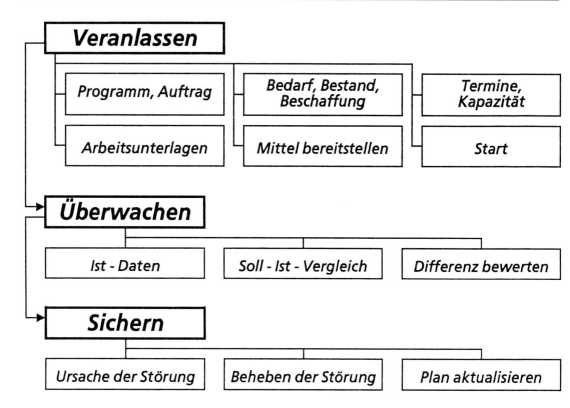

Bild 5: Lenken und Steuern (Controlling) – (Quelle: REFA)

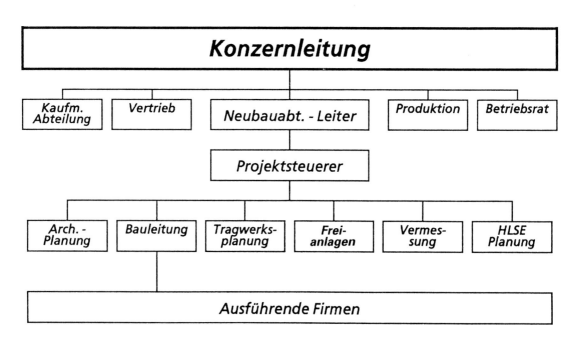

Bild 6: Aufbaustruktur (Organigramm)

0.3.3   Durchführung

Die Durchführung sichern heißt, die Störungsursachen finden, mit geeigneten Mitteln eingreifen und die Störung beheben. Anschließend muß der bisherige Plan entsprechend angepaßt und geändert werden.

0.4   Dokumentation und Ablage

»Dokumentation ist die Ordnung, Bewertung und systematische Ablage der Planungsergebnisse während und nach ihrer Durchführung derart, daß diese klar beurteilt und für zukünftige Aufgaben wieder herangezogen werden können.«

Dokumentation beschäftigt sich mit der Strukturierung und Codierung der Planungsergebnisse. Sie analysiert wesentliche Ergebnisse derart, daß daraus Lehren für zukünftige Projekte gezogen und Daten für gleichartige Funktionen abgeleitet werden können.

Ein einheitliches Dokumentationssystem mit Ablagecode und Richtlinien für die Behandlung der Dokumente ist u. a. eine wesentliche Grundlage für das Qualitätsmanagement im Sinne der ISO 9000. Durch leichtgemachte Suche und schnelles Auffinden soll die Rückverfolgbarkeit einer Produktions- oder Gestaltungskette sichergestellt werden. In ähnlicher Weise muß die Datenbank der Projektkennwerte organisiert sein, damit schon in frühen Phasen die Wirtschaftlichkeit und Brauchbarkeit (Feasibility) eines Projektes überprüft werden kann. Im Idealfall verfügt ein Unternehmen über eine einheitliche Dokumentationsstruktur, die allerdings fallweise abgewandelt werden kann.

0.5   Aufbau- und Ablaufstrukturen

»Struktur ist die innere Gliederung eines Systems. Mit ihr werden Systemelemente definiert und in ihren Beziehungen zueinander nach Art und Anzahl beschrieben.«

Hat ein System nur zwei oder wenige Elemente und gibt es nur jeweils eine Beziehung zwischen diesen, so spricht man von einer einfachen (eindimensionalen) Beziehung. Das Gegenteil sind *komplexe* Systeme, bei denen es viele Elemente gibt, die durch zahlreiche Beziehungen untereinander verbunden sind. Während einfache Systeme leicht zu planen und zu steuern sind, bedarf es bei komplexen Systemen zusätzlicher Koordinationsmaßnahmen, um die gesetzten Ziele zu erreichen (Bild 6).

0.5.1   Aufbaustrukturen

Aufbaustrukturen beschäftigen sich statisch mit dem System. Sie kennzeichnen die sachlichen Zusammenhänge von Elementen und zeigen meist hierarchische Strukturen von Produkten, Aufgaben oder Organisationen, die sich mit zunehmender Ebene immer weiter differenzieren.

0.5.2   Ablaufstrukturen

Dagegen zeigen Ablaufstrukturen die logisch-zeitliche Reihenfolge von Teilaufgaben, die zur Erfüllung der Gesamtaufgabe führen. Sie werden meist als gerichtete Graphen dargestellt, die sich von einem Startpunkt (Quelle) zu einem Ziel (Senke) hin entwickeln. Beispiele

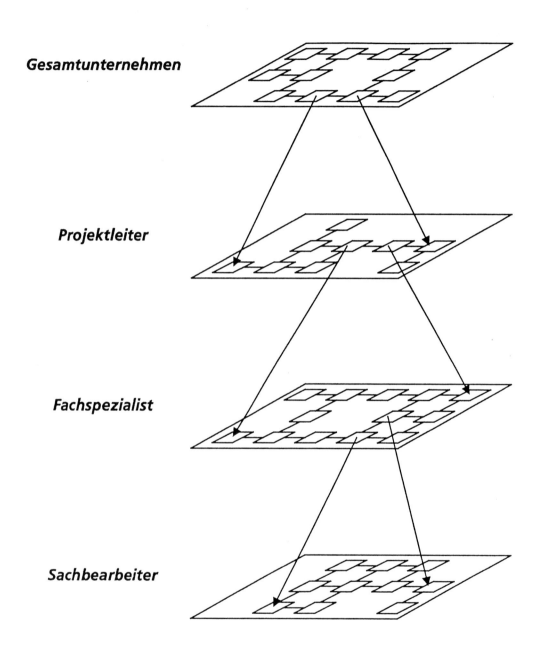

Bild 7: Ebenen der Planung und der Organisation (Quelle: VDI-Z, Mai II, 1966)

sind Flußdiagramme, Netzpläne oder Materialflüsse. Sie werden auch »*Ablaufmodell*« genannt (Bilder 11 und 24).

Weder Aufbau- noch Ablaufstrukturen berücksichtigen zahlenmäßige Angaben. Sie lassen sich jedoch durch entsprechende Zusätze zu Kosten- oder Terminplänen etc. ergänzen.

0.5.3 Ablaufplanung

»Die Ablaufplanung beschreibt die zur Zielerreichung benötigten Aufgaben in zeitlicher Abfolge.«

Sie legt Teilaufgaben und Aufeinanderfolgen von Abschnitten fest, die für eine zielgerichtete Aufgabendurchführung erforderlich sind. In komplexen Systemen muß der Aufgabenplanung die systematische Strukturierung nach Aufbau und Ablauf vorangehen (Zeichnungsanalyse, Kapitel 11). Ablaufplanung ohne vorherige Strukturierung des Projektes nach verschiedenen Gesichtspunkten (Kapitel 2) führt mit großer Wahrscheinlichkeit zu unbefriedigenden und unrealistischen Ergebnissen. Ein größerer Plan wird ohne Strukturierung unübersichtlich, schwerer les- und nachvollziehbar.

0.5.4 Mittelplanung

»Die Mittelplanung legt diejenigen Systemelemente fest, die zur Durchführung von Aufgaben erforderlich sind.«

Voraussetzungen für die Realisierung der Ablaufplanung sind ausreichende Mittel (Personal, Geräte) und Input in Gestalt von Material, Informationen und Energie, welche in der gewünschten Quantität und Qualität zur Verfügung stehen müssen.

Bei *betriebsinterner* Ablaufplanung werden Ablauf- und Mittelplanung nicht getrennt. Vielmehr bedingen sie sich gegenseitig, weil die sich ergebenden Ausführungsfristen durch die vorhandenen Mittel begrenzt sind. Dagegen werden bei *externer* Ablaufplanung die Ziele meist ohne Berücksichtigung der verfügbaren Einsatzmittel festgelegt (Bild 15).

0.6 Arbeitsaufgaben

0.6.1 Vorgänge

»Vorgänge (auch »Aktivitäten« genannt) beschreiben die Tätigkeiten, die zur jeweiligen Zielerreichung erforderlich sind.«

Je langfristiger der Planungshorizont, desto gröber werden diese Tätigkeiten definiert. Je kürzer die betrachtete Zeitspanne ist, desto detaillierter und präziser nähert sich das Ablaufmodell der Realität an. Sie ergibt sich aus der Analyse der tatsächlichen Abläufe, wie diese bei der Bauplanung in den Detailzeichnungen niedergelegt sind.

0.6.2 Anordnungsbeziehungen (AOBez)

»Sie definieren die Vorgänger und Nachfolger eines jeden Vorgangs.«

Mitunter werden sie auch Relationen oder Verknüpfungen genannt. Bei Überlappungen zweier Vorgänge ergeben sich verschiedene Verknüpfungsmöglichkeiten: Start-Start, Ende-Ende. Bei ausreichender Detaillierung kann das Ablaufmodell jedoch ohne Überlappungen, d. h. nur mit der Ende-Anfang-Relation aufgestellt werden (Bilder 43 und 44).

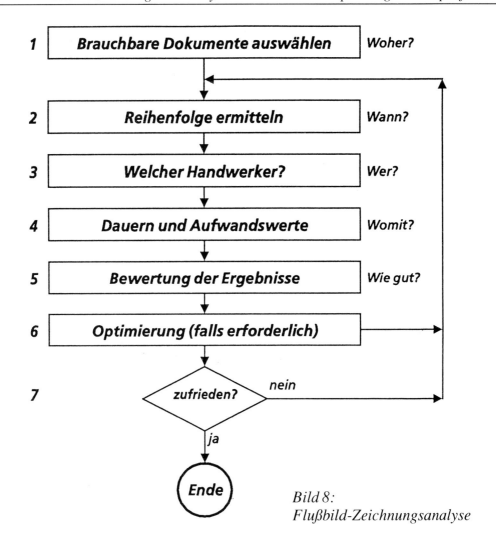

Bild 8:
Flußbild-Zeichnungsanalyse

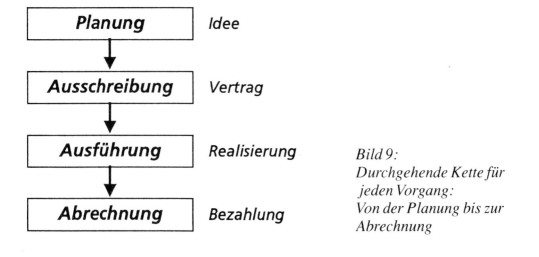

Bild 9:
Durchgehende Kette für
jeden Vorgang:
Von der Planung bis zur
Abrechnung

Anhand des Liniendiagramms kann bei Überlappungen leicht nachgewiesen werden, ob es sich um eine Start-Start- oder eine Ende-Ende-Relation handelt (siehe auch die Bilder 43 und 44). Insofern sind Überlappungen vor allem bei der Änderung von Vorgangsdauern regelmäßig auf die festgelegten Relationen hin zu überprüfen.

Eine Start-Ende-Relation ist zwar theoretisch möglich, ergibt aber keinen Sinn. In der jahrzehntelangen Praxis der Verfasser hat diese Relation niemals eine Rolle gespielt. Um so erstaunlicher ist es, daß kaum ein Softwareprogramm für Netzpläne auf diese Relation verzichtet.

0.7   Zeichnungsanalyse

»Diese besteht darin, aus den vorhandenen Zeichnungen (speziell den Höhenschnitten) die Reihenfolge der Einzelvorgänge zu ermitteln und diese den beauftragten Gewerken (Handwerkern) zuzuordnen.«

Je geringer die Gesamtzahl der benötigten Vorgänge pro Element, desto zügiger gestalten sich erfahrungsgemäß die Abläufe. Je intensiver die Montage zuvor mit ausführenden Firmen oder sachkundigen Spezialisten (Bauleitern) besprochen worden ist, desto reibungsloser und fertigungsfreundlicher verläuft die spätere Montage (Bilder 8 und 10).

0.7.1   Dokumentenauswahl

Mit dem ersten Schritt der Zeichnungsanalyse werden diejenigen Dokumente ausgesucht, die für die Analyse herangezogen werden sollen. In erster Linie wird es sich dabei um senkrechte Schnitte handeln, die aber durch die zugehörigen Positionen der Leistungsbeschreibung ergänzt werden müssen.

0.7.2   Montagesimulation

Im zweiten Schritt wird jeder Höhenschnitt darauf überprüft, in welcher Reihenfolge die dargestellten Komponenten eingebaut werden sollen.

0.7.3   Leistungszuweisung

Als dritter Schritt wird festgestellt, welcher Handwerker oder welche Firma den jeweiligen Vorgang ausführen soll. Dabei wird bereits darauf geachtet, daß die gleiche Person nicht kurzfristig nacheinander zweimal oder noch öfter benötigt wird.

0.7.4   Leistungsterminierung

Mit dem vierten Schritt belegt der Terminplaner die einzelnen Vorgänge mit Aufwandswerten. Dadurch ergeben sich sowohl Dauern für jeden einzelnen Vorgang als auch für die gesamte Ablaufkette.

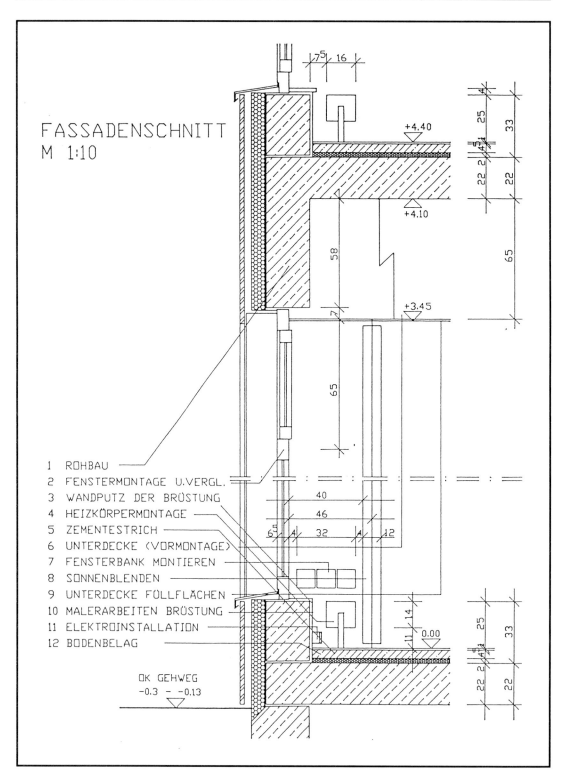

Bild 10: Arbeitsfolge – abgeleitet aus dem Fassadenschnitt

0.7.5   Leistungsbewertung

Im fünften Schritt werden die Ablaufdauern der einzelnen Montageketten miteinander verglichen. Sofern erhebliche Differenzen entstehen, wird die längste oder wichtigste Reihenfolgekette einer weiteren Analyse unterzogen: der Reihenfolgeoptimierung.

0.7.6   Reihenfolgeoptimierung

Diese besteht darin, kürzere oder ablauftechnisch bessere Lösungen zu finden. Entweder ergeben sich mehrere Alternativen aus denen die günstigste ausgewählt wird, oder das Detail wird so geändert, daß weniger Vorgänge erforderlich sind und/oder sich die Dauern der einzelnen Verrichtungen verkürzen.

0.8   Organisation des Produktionsablaufes

Darunter versteht man die systematische, schrittweise Organisation der Montage oder Produktion mit dem Ziel, einen realistischen, systemgerechten, effizienten und wirtschaftlichen Ablauf zu erhalten.

0.8.1   Ablaufoptimierung

Eine Prozedur, bei der unter Bezug auf ein Ziel eine möglichst optimale Lösung angestrebt wird. Diese kann sich auf geringe Kosten, kurze Durchlaufzeiten und/oder besonders einfache Abläufe (Montagen und/oder Fügungen) beziehen. Anhand der *»Zeichnungsanalyse«* (0.7) wird im Idealfall die Arbeitsfolge mit den wenigsten Handgriffen, Handwerkern oder Vorgängen dadurch gefunden, daß die Konstruktion im Hinblick auf die gesetzten Ziele geändert wird (Wertanalyse).

0.8.2   Arbeitsfolge

Auch »Vorgangsfolge« genannt (englisch: »Sequence of Work« (SOW) oder »Sequence of Operations« (SOO) genannt). Diese ist das Ergebnis der *»Zeichnungsanalyse«* und nennt die Reihenfolge, in der bestimmte Verrichtungen nacheinander ausgeführt werden müssen (Bild 10). Die Arbeitsfolge ist die Grundlage der *»Taktorganisation«*, mit der ein besonders zügiger Ablauf einer Serienproduktion erzielt wird (Bild 28).

0.8.3   Serienproduktion

Serienproduktion ist der Gegensatz zur »Langfristigen Einzel- oder Einmal-Fertigung«. Bei der Serienproduktion oder -fertigung werden bestimmte Handgriffe, Vorgänge oder Leistungen häufig wiederholt. Auch in der Bauproduktion gibt es zahlreiche Serienfertigungen, z. B. im Siedlungs- und Wohnungsbau, bei der Türenmontage oder dem gesamten Ausbau eines Gebäudes. Auch Zeichnungen können als Serienfertigung betrachtet werden, wenn sich ein Wiederholeffekt ergibt. Dieser äußert sich in z.T. erheblichen Rationalisierungserfolgen (Zeit- und Kostenersparnissen), die durch die Einarbeitung und die ständige Wiederholung immer gleicher Handgriffe entstehen.

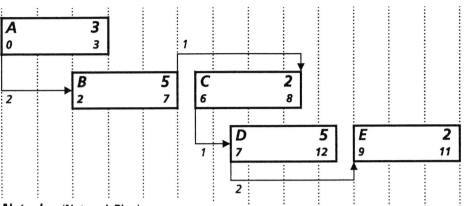

Netzplan *(Network Plan)*
Einer Liste aller Vorgänge werden Dauern zugewiesen und durch Anordnungsbeziehungen miteinan-der verknüpft. Durch eine Aufsummierung der verschiedenen Wege in dem derart gebildeten »gerichteten Graphen« findet man den längsten, den »kritischen Weg« innerhalb des Ablaufmodells.

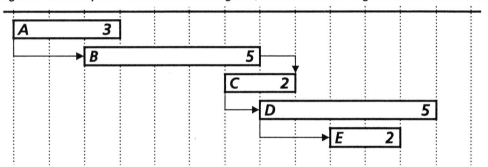

Balkenplan *(Bar Chart)*
Mit dem durch Netzplantechnik erworbenen, tieferen Verständnis für Zusammenhänge und Abläufe erstellt man Balkenpläne höherer Qualität und Detaillierung. Durch Vernetzung können derartige Pläne auch Pufferzeit und kritische Wege ausweisen.

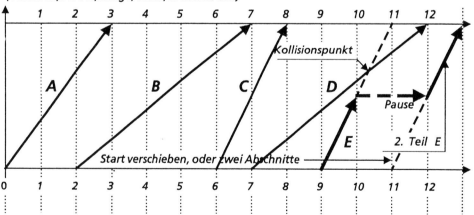

Liniendiagramm *(Line of Balance) (Zeit-Volumendiagramm)*
Die Ordinate spaltet sich in zwei Dimensionen, so daß man im erweiterten Sinne von einer »drei-dimensionalen« Darstellung sprechen kann. Anordnungsbeziehungen sind nur hier zu erkennen (Bild 21).

Bild 11: Darstellungsmöglichkeiten der Ablaufplanung

0.8.4   Kritische Annäherung

Derjenige Zeitabstand, der unter keinen Umständen bei der Arbeitsfolge zwischen zwei aufeinander folgenden Vorgängen unterschritten werden darf (Bild 82).

0.8.5   Fließfertigung

Sonderform der Serienfertigung, die durch systematische Montageorganisation gekennzeichnet ist. Die Vorgänge werden in einer verbindlichen Reihenfolge organisiert.

0.8.6   Taktfertigung

Extreme Spezialorganisation der Fließfertigung, die durch immer gleiche Abstände zwischen den einzelnen Vorgängen der Arbeitsfolge (Takten), gleiche Dauern der Vorgänge und dementsprechend kurze Gesamtmontagezeiten gekennzeichnet ist (Bilder 27 und 47). Taktfertigung läßt sich besonders einfach und effizient als Liniendiagramm darstellen.

0.9   Ablaufmodell

Möglichst realistische Wiedergabe eines Ablaufes, dargestellt in anschaulicher und leicht nachvollziehbarer Abbildung. Hierzu eignen sich besonders gut Balkenplan, Netzplan oder Liniendiagramm (Bild 11). Da jede der genannten Darstellungen Nachteile aufweist, hat sich die ständige und gleichzeitige Betrachtung des Ablaufmodells in allen drei Darstellungen als nützlich und vorteilhaft erwiesen (Transformationsmethode, Bild 12).

0.9.1   Balkendiagramm

Erstmals von Henry Gantt um 1900 beschriebene Terminplanungsmethode, bei der auf einer Zeitachse untereinander die auszuführenden Vorgänge nacheinander dargestellt werden. Die Methode gilt als besonders anschaulich und weit verbreitet. Nur den wenigsten Anwendern ist klar, wie wenig änderungsfreundlich die Darstellung ist (Bild 11 Mitte).

0.9.2   Netzplan

Eine Ablaufplanungsmethode, die um 1950 in den USA entwickelt wurde, um das POLARIS-Unterseeboot besonders schnell entwickeln und bauen zu können (PERT). Durchgesetzt hat sich inzwischen die Vorgangs-Knoten-Darstellung (VKN), bei der die Vorgänge in Knoten (Elementen) und die sie verbindenden Relationen (Anordnungsbeziehungen) als Linien dargestellt werden (Bild 11 oben).

Die Netzplantechnik liefert das höchstentwickelte Ablaufmodell. Sie zeigt die präzise Ablauflogik und ist in ihrer Verarbeitung mit Standard-Software besonders elastisch und anpassungsfähig, besonders im Hinblick auf die Darstellung des kritischen Weges. Nachteilig ist aber eine oft zu tiefe Detaillierung mit den dadurch verursachten hohen Kosten, sowie die wenig übersichtliche Darstellung.

Ebenso wie der Balkenplan ist der Netzplan primär nicht produktionsorientiert. Auch Wechsel von Anordnungsbeziehungen werden nicht automatisch geändert.

Um-wandlung von *in*	Netzplan	Balkenplan	Linien-diagramm
Netzplan	O	bessere Lesbarkeit Verständlichkeit	Überprüfung auf Logik, Fehler bei Überlappung
Balkenplan	Fehlende Software für Balkenpläne	O	Überprüfung Überlappungs-logik und Fehler
Linien-diagramm	Fehlende Software für Liniendiagramm	bessere Verständlichkeit Lesbarkeit	O

*sechs Möglichkeiten, aber **eine** Vorzugsfolge*

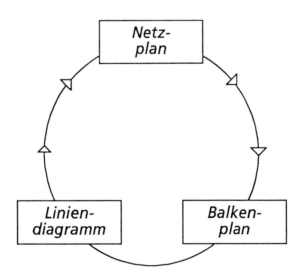

In der Praxis empfiehlt sich die Reihenfolge:
Liniendiagramm – Netzplan – Balkenplan

Bild 12: Transformation des Ablaufmodells

0.9.3   Meilensteinplan

Der Meilensteinplan eignet sich besonders für die oberste Ebene der Ablaufplanung (Bild 25). Er wurde in den USA entwickelt (1940). Dabei werden Eckdaten (Meilensteine) auf einer Zeitachse dargestellt. Häufig werden Meilensteine mit Balkenplänen oder Netzplänen kombiniert dargestellt.

0.9.4   Liniendiagramm

Eine von einem Polen 1875 in Jekaterinoslaw (Rußland/Ural) entwickelte grafische Ablaufplanungsmethode (»Harmonogramm«). Sie eignet sich speziell für Serienfertigung, aber auch für Linienbaustellen. Dabei wird auf der Zeitachse eine bestimmte Leistung aufgezeichnet, wodurch eine Geschwindigkeit (Strecke in der Zeiteinheit) ausgedrückt wird. Liniendiagramme sind produktionsorientiert und dadurch dem Netzplan überlegen (Bild 11 unten).

0.9.5   Transformationsmethode

Eine von Wolfgang Rösch im Jahre 1969 erstmals beschriebene Systematik, bei der sämtliche bekannten Darstellungen der Terminplanung wechselseitig ineinander transformiert werden. Bei der EDV-Software ist die Darstellung des Netzplanes auch als Balkendiagramm selbstverständlich. Um einen besonders produktionsfreundlichen Ablaufplan zu erhalten, empfiehlt es sich mit einem Liniendiagramm zu beginnen, das dann in einen Netzplan umgewandelt wird.

Durch die ständige Transformation von einer Darstellung in die andere werden die Schwächen der einen Darstellung durch die Vorteile der anderen ausgeglichen. Als iterativer, ständig wiederholter Vorgang ergibt sich so ein besonders realistischer Ablaufplan (Bild 12).

0.10   Produktionsplanung

Produktionsplanung ist der letzte und wichtigste Schritt in der Planungsfolge vor der eigentlichen Arbeitsvorbereitung. Sie ist teilweise deren Bestandteil. Während die eigentliche Terminplanung keine Parameter der späteren Produktion oder Montage berücksichtigt, sind diese grundlegende Voraussetzungen der Produktionsplanung.

Hierzu zählen: der Startpunkt der Arbeiten, die Arbeitsrichtung und -geschwindigkeit, die Anzahl der einzusetzenden Großgeräte (z. B. Baukräne) und des produktiven Personals. Während weder im Netzplan noch im Balkendiagramm diese Parameter eine Rolle spielen, kann ein Liniendiagramm ohne die Festlegung der eigentlichen Produktionsvoraussetzungen nicht gezeichnet werden. Damit erzeugt es eine höhere Qualität des Ablaufmodells.

0.10.1   Produktionsplan

Aus dem Arbeitsvertrag (Leistungsverzeichnis) abgeleitete Darstellung des Produktionsverlaufes auf der Zeitachse (Bild 92).

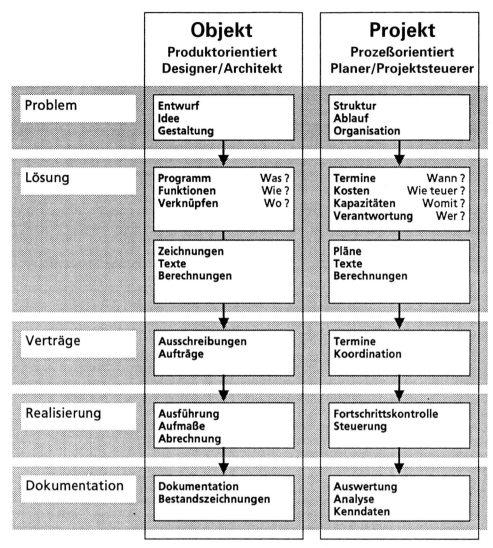

	Objekt Produktorientiert Designer/Architekt	**Projekt** Prozeßorientiert Planer/Projektsteuerer
Problem	Entwurf Idee Gestaltung	Struktur Ablauf Organisation
Lösung	Programm — Was? Funktionen — Wie? Verknüpfen — Wo?	Termine — Wann? Kosten — Wie teuer? Kapazitäten — Womit? Verantwortung — Wer?
	Zeichnungen Texte Berechnungen	Pläne Texte Berechnungen
Verträge	Ausschreibungen Aufträge	Termine Koordination
Realisierung	Ausführung Aufmaße Abrechnung	Fortschrittskontrolle Steuerung
Dokumentation	Dokumentation Bestandszeichnungen	Auswertung Analyse Kenndaten

Der Entwurfsvorgang besteht darin, bestimmte Anforderungen an Nutzung und Funktion zu erfüllen, also Fragen nach dem Was?, dem Wie? und Wo? zu beantworten. Er bezieht sich auf das Objekt, das aus den Anforderungen heraus entwickelt wird.

Daneben wird zeitlich parallel der Prozeß dieser Arbeit organisiert. Es gilt, einen möglichst reibungslosen Ablauf des Entwurfsvorganges und seiner Realisierung sicherzustellen. Dabei werden Fragen des Wer?, des Wann?, des Womit?, und der Kosten berücksichtigt.

Wenn beim Entwurf die funktionalen Anforderungen zu erfüllen sind, dann müssen im Projekt die Ziele erreicht werden. So wie ein Entwurf erst dann abgenommen wird, wenn das fertiggestellte Objekt alle Nutzungsansprüche erfüllt, so müssen beim Projekt alle Vorgaben erledigt sein, bevor man das Ganze als abgeschlossen bezeichnen kann.

Bild 13: Objekt und Projekt im Planungs- und Bauablauf

0.11   Objekt und Projekt

Die HOAI unterscheidet zwischen Objekt und Projekt (Bild 13).

0.11.1   Das Objekt

- ist gegenständlich, greifbar, nutzbar, sachorientiert.
- Es ist ein Produkt, also hergestellt.
- Es entsteht durch Entwurf und Design, also einen schöpferischen Akt, der Fantasie und Intuition benötigt (Bilder 1 und 2).
- Mehr als 80 % der Arbeit sind objektbezogen.
- Es umfaßt sowohl das eigentliche Produkt, als auch alle Dokumente, um das Produkt herstellen zu können: Zeichnungen, Leistungsverzeichnisse, Berechnungen.

0.11.2   Das Projekt

- stellt sich im *Plan* dar.
- Es ist abstrakt, gedanklicher Natur, ein Vorhaben, ein Prozeß, also *ablauforientiert*.
- Es entsteht durch Nachdenken und Planen, also durch einen rationalen Akt, der Intelligenz und Wissen erfordert.
- Weniger als 20 % der Arbeit sind projektbezogen (Bilder 2 und 13).

Auch das Entwerfen selbst muß organisiert werden. Dies ist keine Projektsteuerung, aber ein wichtiger Bestandteil der Terminplanung eines jeden Architekten und Entwerfers (Designers). Besonders wichtig ist die Terminierung der Ausführungszeichnungen (Phase 5) und der Leistungsverzeichnisse (Phase 6). Diese Phasen müssen mit der Objektüberwachung (Phase 8) vernetzt werden, um den Baustellenfortschritt nicht zu stören.

0.12   Design + Produkt = Objekt

Vielen Praktikern mag die folgende Darstellung zu blutleer oder wirklichkeitsfern erscheinen. Aber auch bei der Unterscheidung Objekt-Projekt hat es einige Jahrzehnte gedauert, bis die Vorstellung von der Bipolarität sich in den Köpfen der maßgeblichen Wissenschaftler durchgesetzt hat. Von dort bis in die Praxis der HOAI war es dann nochmals ein langer Weg, auf dem man aber inzwischen zum Ziel gekommen ist.

Man spricht vom Entwurf, vom Entwerfer oder vom Design. Mit diesen Begriffen wird schöpferische Assoziation verbunden. Ein »Ent-Wurf« ist etwas »Dahin-Geworfenes«, eine plötzlich zum Leben erwachte Schöpfung, die bislang nicht existierte. Design und Kreativität werden deshalb häufig verwechselt. Ist der erste Begriff der Vorgang und das Ergebnis eines schöpferischen Aktes, so bezeichnen wir mit dem zweiten die Fähigkeit, bisher Ungedachtes, Ungesehenes oder noch nie Erlebtes vermittels unserer Fantasie oder unseres Einfallreichtums hervorzubringen.

Entwurf ist aber nicht nur die gestalterische Leistung. Darüber hinaus verkörpert er auch die Umsetzung einer oder vieler Ideen in eine nachvollziehbare Darstellung (Bild 4).

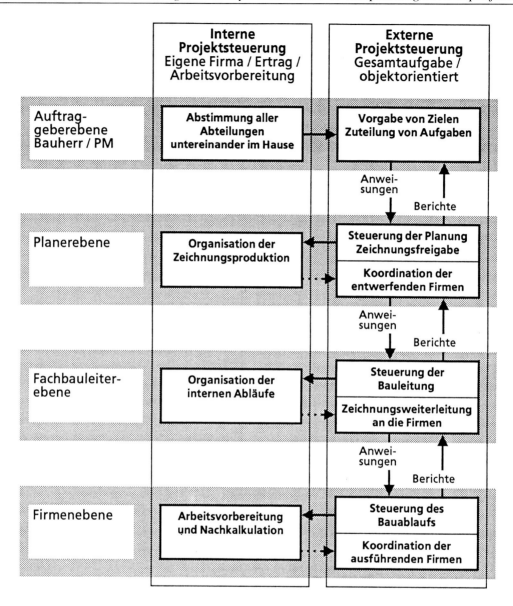

Bis heute wird auf die Unterscheidung zwischen **externem** und **internem** Projektmanagement viel zu wenig geachtet.

Dabei führt die Arbeit mit den beiden Arten zu ganz unterschiedlichen Ergebnissen. Sie benötigt unterschiedliche Methoden und hat ganz andere Zielstellungen. Bei jeder Behandlung des Themas sollten sich deshalb die Beteiligten darüber klar werden, ob es sich um internes oder externes PM handelt.

Bild 14: Interne und externe Projektsteuerung in der Hierarchie der Planung

Wenn ein Ingenieur einen Raumgleiter entwickelt, geht er von einem optischen Erscheinungsbild aus. Wenn ein Anlagenplaner eine Produktionsanlage entwirft, gruppiert er die verschiedenen Teilanlagen seines Gesamtsystems nach seinen Wünschen und Vorstellungen. Wenn ein Architekt ein Gebäude entwirft, berücksichtigt er dabei sowohl die funktionalen (betrieblichen) Belange als auch die künstlerische Idee, die er in diesem Fall für angemessen hält.

Wie aber stellt sich der »Entwurf« dar? Im Normalfall denken wir sofort an Zeichnungen, an Grundrisse, Ansichten und Schnitte. Aber dann merkt man, daß Information (und das ist schließlich ja ein Entwurf) sich auch als Text und Berechnung darstellen läßt. Erst die Kombination dieser drei Informationsarten (Bild, Wort, Kalkulation) liefert lückenlos ein abgerundetes Bild der Gesamtidee, also des Entwurfs oder Designs (Bild 4).

Wenn das Design die Niederschrift einer Idee darstellt, dann sehen wir im Produkt die Realisierung dieser Idee in der Wirklichkeit, in der uns umgebenden Welt. Das Produzierte, das Hergestellte soll sich so eng wie möglich an die Idee des Entwurfes anlehnen, auch wenn dies in manchen Fällen nur unvollkommen gelingt.

Von einem Objekt kann man aber nur sprechen, wenn beides gesehen und gemeint ist, sowohl der Gedanke (Design) als auch seine Realisierung (Produkt). Wenn heute so viel von Objektplanung, von Objektmanagement (Hausverwaltung) und Objektüberwachung (Bauleitung) die Rede ist, dann sind (oder sollten zumindest) immer beide Begriffe gemeint sein (Bild 4).

0.13   Hierarchie der Planung im Bauwesen

Jede Stufe der Hierarchie kann man als einen Rang oder als eine Ebene bezeichnen. Auf jeder Ebene der Hierarchie befinden sich gleiche Personen, die der nächstniederen Ebene übergeordnet, der nächsthöheren untergeordnet sind.

Bild 14 zeigt vier Ebenen einer Hierarchie im Bauwesen:

Auf der obersten Ebene *der Auftraggeber,*
auf der nächsten Ebene *der Architekt,*
auf der nächsten Ebene darunter *der Objektüberwacher,*
auf der untersten Ebene *der Auftragnehmer.*

Jede Ebene erteilt der nächstniederen Anordnungen und Wünsche.

Jede Ebene berichtet der nächsthöheren über ausgeführte Anordnungen.

Auf jeder Ebene ist eine interne Organisation (links) und eine *externe* Organisation (rechts) zu sehen.

Projektsteuerung nach § 31 der HOAI befaßt sich mit der *externen* Steuerung der Planer (Ausnahme: technische Koordination durch den Architekten).

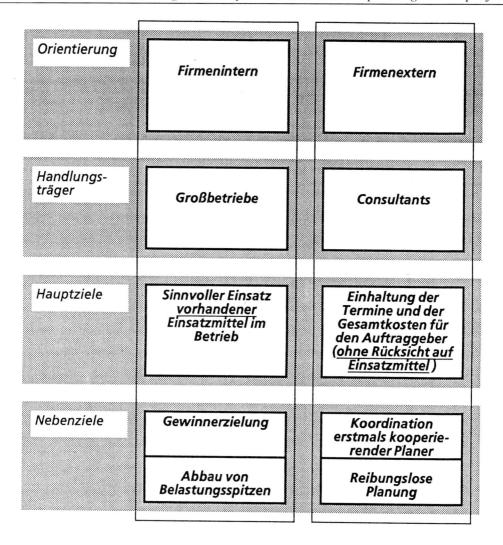

Orientierung	**Firmenintern**	**Firmenextern**
Handlungs-träger	**Großbetriebe**	**Consultants**
Hauptziele	**Sinnvoller Einsatz vorhandener Einsatzmittel im Betrieb**	**Einhaltung der Termine und der Gesamtkosten für den Auftraggeber (ohne Rücksicht auf Einsatzmittel)**
Nebenziele	**Gewinnerzielung** / **Abbau von Belastungsspitzen**	**Koordination erstmals kooperie-render Planer** / **Reibungslose Planung**

In der Industrie mit ihren entwickelten Leitungsstrukturen handelt es sich meist um internes Projektmanagement. Hier stehen deshalb Fragen der Einsatzmittelplanung, der Ausnutzung vorhandener Geräte und Fachkräfte im Vordergrund. Dazu die Sicherung eines auskömmlichen Ertrages.

Dagegen befaßt sich externes PM meist mit ganz anderen Fragen, weil ohne Nachweis ausreichender Qualifikation, Finanzkraft und Erfahrung der Auftrag an den Consultant überhaupt nicht erteilt worden wäre. Meist müssen verschiedenartige, größere Planungsbüros so miteinander koordiniert werden, daß diese bei Berücksichtigung ihrer eigenen Interessen sich zu akzeptablen Kompromissen im Hinblick auf die Gesamtlösung bereitfinden. Koordination ist viel schwerer als dies allgemein angenommen wird, aber doch viel leichter als gedacht, wenn man sich an bestimmte Regeln hält.

Bild 15: Schwerpunkte des Projektmanagements im Hinblick auf Ziele und Orientierung

Terminplanung der Architekten befaßt sich mit der *internen* Organisation der Architektenarbeit.

Zur Zeit müssen sich viele Projektsteuerer auch noch um die interne Terminorganisation der Architekten kümmern, damit die »Planung der Planung« reibungslos funktioniert und dem Auftraggeber (wie auch allen Beteiligten!) keine Nachteile durch Stillstände oder fehlende Leistungen entstehen.

Die Unterscheidung zwischen internen und externen Projekten ist nicht zu verwechseln mit der Unterscheidung zwischen Objekt und Projekt.

0.14   Interne und externe Projekte

0.14.1   Interne Projekte

sind Pläne und Maßnahmen, die Ziele *innerhalb* eines Büros, einer Firma oder einer Organisation erreichen sollen (Bild 15), z. B.

* die Umstellung auf EDV-Anwendungen
* die Einführung von Leistungsnachweisen
* die Erhöhung des Betriebsertrages in einem Unternehmen

Internes Projektmanagement

ist primär an einer gleichmäßigen Auslastung der Einsatzmittel (Personal oder Maschinen) interessiert, dazu an einem auskömmlichen Betriebsergebnis (Überschuß, Gewinn).

0.14.2   Externe Projekte

sind Pläne und Maßnahmen, die Ziele in einer Organisation *außerhalb* des Betroffenen erreichen sollen:

* die Zusammenarbeit vieler Planer beim Bau eines Gebäudes
* das Projekt der bemannten Raumfahrt
* oder der Bau eines Spezialschiffes durch viele Firmen.

Externes Projektmanagement

ist dagegen an einer reibungslosen Zusammenarbeit vieler Beteiligter interessiert, die nicht ständig zusammenarbeiten und sich deshalb auch nicht so gut kennen:

Koordination und Kooperation werden angestrebt, um Termin- und Kostenziele einzuhalten.

Unterhalb dieser Oberziele aber ist die Methode der Projektarbeit sehr ähnlich. Man setzt Ziele, leitet daraus Aufgaben ab, strukturiert, terminiert, kontrolliert.

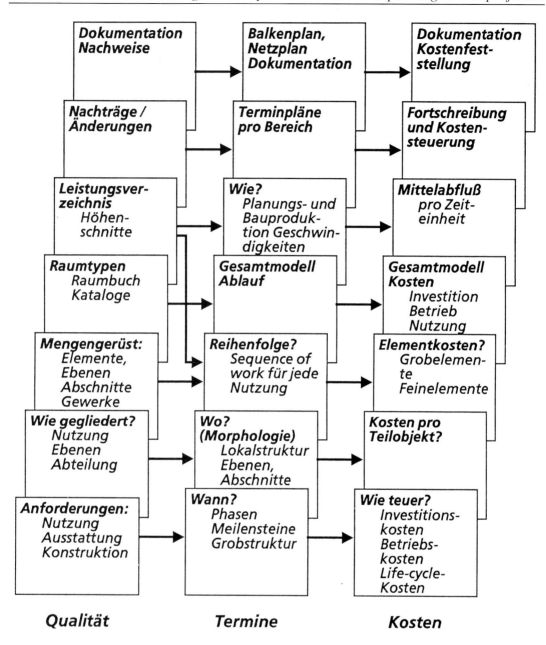

Qualität   **Termine**   **Kosten**

Was soll gebaut werden?

allgemeine Beschreibung

Bild 16: Projektziele und Projektablauf

1 Organisation und Terminierung der Werkplanung

1.0 Die Abhängigkeit der Planung von der Ausführung

Früher soll es Zeiten gegeben haben, in denen die Planung fertig abgeschlossen vorlag, bevor man mit der Ausführung begonnen hat. Das ist heute nur noch in Ausnahmefällen möglich. Meistens wird mit der Ausführung schon begonnen, bevor die Planung ausgereift und abgeschlossen ist. Das zwingt dazu, auf die spätere Ausführung schon frühzeitig Rücksicht zu nehmen. Sobald ein Entwurf vorliegt, sollte man sich mit einem Praktiker zusammensetzen und überlegen, wie sich die spätere Durchführung gestalten könnte. Dabei wird man folgende Fragen klären müssen (Bild 16):

1.1 Wo wird mit der Ausführung begonnen?

Diese Frage ist deshalb so wichtig, weil sie bereits die zweite Frage mit einschließt, diejenige nach der Arbeitsrichtung. Grundsätzlich beginnt man auf einer Baustelle immer an der entlegensten Stelle und zieht sich dann schrittweise auf den Zugang zurück. Man vermeidet damit, daß man sich den Rückweg verbaut. Immer muß also vorab geklärt werden, *wo* man beginnt.

Nicht weniger wichtig ist allerdings auch die Frage, wo der *tiefste Punkt* des Gebäudes liegt.

Da jedes Bauen im Normalfall der Schwerkraft unterliegt und von unten nach oben gebaut wird, beginnt man immer an der tiefsten Stelle eines Bauwerkes. Dies hat den Vorteil, daß man zügig arbeiten kann. Weil die darunter liegenden Teile schon fertig sind, kann Schicht auf Schicht, Ebene auf Ebene errichtet werden. Wer zuerst an einer höher liegenden Stelle beginnt, muß irgendwann einmal plötzlich feststellen, daß die Arbeiten unterbrochen werden müssen, weil zuerst der tieferliegende Teil nachgeholt werden muß.

1.2 In welche Richtung soll gearbeitet werden?

Einfamilienhäuser oder ähnliche bescheidene Objekte haben mit dieser Frage kaum Probleme. Aber wenn ein Gebäude sich über Hunderte von Metern ausdehnt, spielt sie eine erhebliche Rolle, denn hier kommt es darauf an, eine sinnvolle Abfolge zu finden (Bild 17).

Im Augenblick soll es genügen, daß man sich die Bauarbeiten vorstellt und dabei festlegt, wie der Kran auf seinem Gleis sich allmählich fortbewegt. Zu berücksichtigen ist dabei eine feste Zufahrtsstraße, der Schwenkbereich und die Größe der transportierten Teile (Paletten, Fertigteile oder womöglich größere Fachwerkbinder).

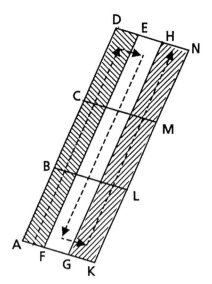

ADE - FG - KN
Längsschiff zuerst

1 Kolonne / 5 Mann

Dauer = 12 Wochen

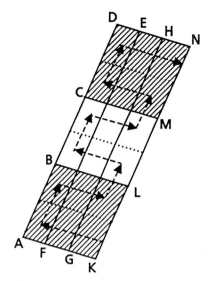

KABL - CM - DN
Querteilung zuerst

1 Kolonne / 5 Mann

Dauer = 12 Wochen

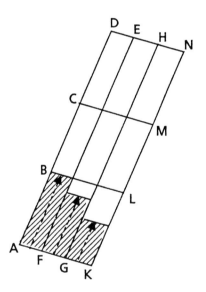

AFGK - DEHN
Parallelarbeit

3 Kolonnen / 15 Mann

Dauer = 4 Wochen

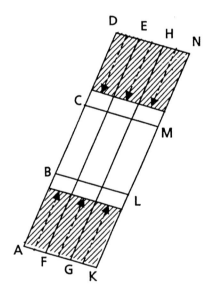

Gegenläufige Parallelarbeit

6 Kolonnen / 30 Mann

Dauer = 2 Wochen

Bild 17: Die Bedeutung der Arbeitsrichtung für die Ablaufplanung

Wenn man sich über Startpunkt und Arbeitsrichtung klar geworden ist, sollten diese Festlegungen allen Planern mitgeteilt werden. Denn dann werden auch sie ihre Aufmerksamkeit zuerst auf diese Teile richten und ihre Arbeit an diesen Stellen beginnen. Der Statiker wird dort die Schal- und Bewehrungspläne als erste im ganzen Bauwerk fertigen. Der Sanitärfachmann wird seine Abwasserkanäle zuerst in diesem Bereich planen. Und auch der Elektroingenieur wird klären, ob Kabel in diesem Bereich benötigt und verlegt werden müssen.

1.3   Wie soll das Gebäude unterteilt werden?

Eigentlich könnte man diese Frage auch an den Anfang aller Überlegungen stellen. Denn diese Frage ist wichtig für die weitere Organisation unserer Arbeit. Schon im Raumprogramm, bei den ersten Schritten der Entwurfsarbeit, werden gleichartige Nutzungen zusammengefaßt. Das Gebäude wird also nach *Nutzungen* gegliedert und daraus abgeleitet auch der Ablaufplan (Bild 18).

Das hat mehrere Vorteile. Einmal wird der Ausbau vereinfacht, weil man für alle gleichartigen Nutzungen nur ein einziges Mal festzulegen braucht, wie die Ausstattung aussieht.

Zweitens muß nur ein einziges Mal für solch einen »Nutzungsabschnitt« geklärt werden, in welcher Reihenfolge der Ausbau, aber auch der Rohbau abläuft. Schließlich hilft die lokale Gliederung nach Nutzungen bei der Organisation der Bauarbeiten. Denn so kann einfacher festgelegt werden, in welcher Reihenfolge die einzelnen Zonen nacheinander bearbeitet werden sollen.

Selbstverständlich sind dabei auch die früher gestellten Forderungen einzuhalten. Für jeden Kran, jedes Arbeitsgerät größeren Ausmaßes muß der Rückzugsweg auf die Straße gesichert werden. Aber auch die Großkomponenten, die später einmal ins Gebäude hineintransportiert werden müssen dürfen nicht vergessen werden. Heizkessel, Wassertanks, Druckausgleichsbehälter und Transformatoren haben mitunter erhebliche Abmessungen, die schon im Entwurf zu berücksichtigen sind.

Die Reihenfolge, in der die einzelnen Abschnitte unseres Entwurfes erstellt und ausgebaut werden, legen wir numerisch fest. Damit gliedern wir bereits unseren späteren Ablaufplan, der ebensoviel Unterabschnitte aufweisen wird wie derartige Nutzungszonen vorhanden sind.

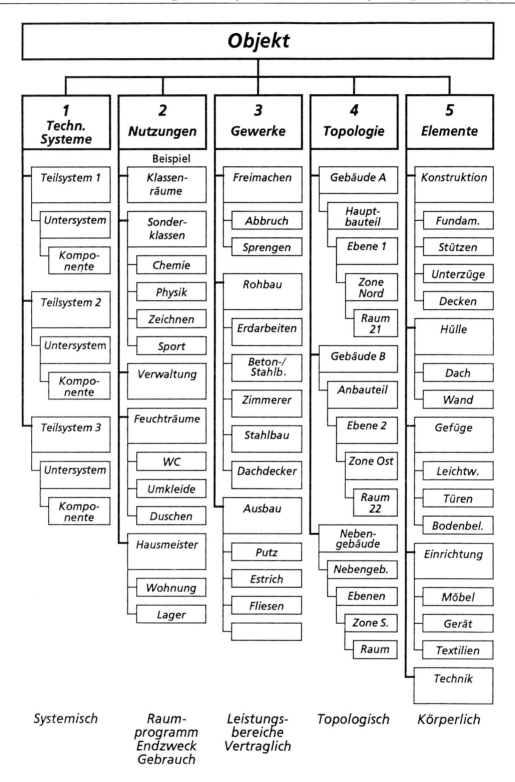

Bild 18: Arten der Objektstrukturierung

2 Zur Gliederung des Ablaufmodells

Jeder Ablaufplan sollte gegliedert werden, denn der Plan ist um so besser lesbar, verständlich und nachvollziehbar, je durchdachter er unterteilt ist. Schon ein Einfamilienhaus sollte zumindest nach Wohnhaus, Garage und Freianlagen gegliedert sein. Besser wäre es, das Haus selber noch in die Ebenen (Keller, Erd- und Obergeschoß) zu unterteilen. Innerhalb jeder Ebene können dann weitgehend die gleichen Vorgänge genannt werden, wenn dies mit der Realität übereinstimmt (Bilder 21 und 22).

Bei Großbauten ist die Unterteilung ein Muß. Dabei sind bestimmte Regeln zu beachten, die nachstehend beschrieben werden. Wer diese Regeln einhält, wird mit Sicherheit bessere, d. h. übersichtlichere, realistischere Pläne mit weniger Fehlern aufstellen (Bild 19).

2.1 Dehnungsfugen

Der Tragwerksplaner unterteilt größere Objekte in Abschnitte von 1 bis 30 m Länge. Dies geschieht, weil die Wärmedifferenzen einen beachtlichen Einfluß auf die Bewegungen eines Gebäudes haben. Wenn keine Fugen angeordnet werden, können Risse auftreten. Mit einer Fuge können Differenzen aufgefangen und damit Bauschäden verhindert werden.

Nun ist in vielen Plänen der Tragwerksplaner entweder nicht bekannt oder der Verlauf der Fugen nicht dargestellt. Dann sollte man in den zuvor genannten Entfernungen derartige Fugen provisorisch annehmen und ausdrücklich vermerken, daß die endgültige Unterteilung erst nach Klärung der Dehnungsfugen vorgenommen werden kann.

Während der Entwurfsarbeit kann sich die Konstruktion und damit auch die Lage der Dehnungsfugen noch ändern. Auf diese Situation muß sich der Ablaufplaner einrichten. Vor allem aber sollte er sich durch häufige Kontakte und Rückfragen beim Tragwerksplaner versichern, daß seine im Ablaufplan dargestellte Struktur noch der Realität entspricht. Nichts ist so unerfreulich wie die Einsicht, daß die Planung inzwischen die bisher gültigen Ablaufpläne längst überrollt hat.

Weiterhin ist zu klären, ob es sich (im Sinne der Ablaufplanung) um primäre oder sekundäre Dehnungsfugen handelt. Technisch werden beide gleichartig ausgebildet.

Der Unterschied besteht darin, daß äußerlich sichtbare Bauabschnitte leicht erkennbar durch Dehnfugen zu trennen sind. Die sekundären Dehnfugen ergeben sich aus der Tatsache, daß bei Großbauten diese Primär-Abschnitte oft mehr als 300 m Länge aufweisen können.

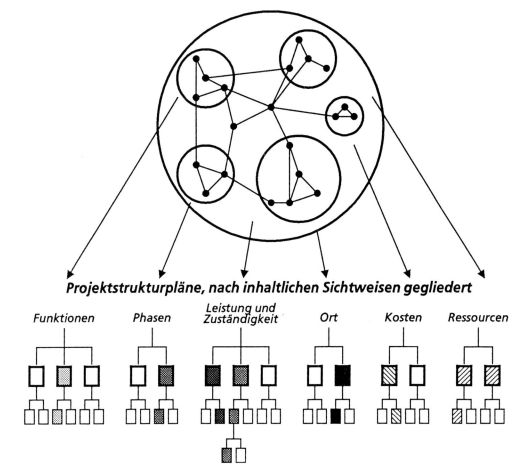

Projektstrukturpläne, nach inhaltlichen Sichtweisen gegliedert

| *Funktionen* | *Phasen* | *Leistung und Zuständigkeit* | *Ort* | *Kosten* | *Ressourcen* |

Bild 19: Projekt als vernetztes System (reale Sicht)

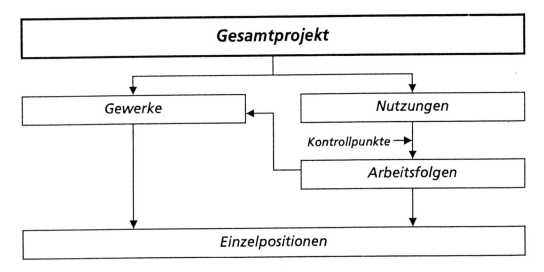

Bild 20: Alternativen der Projektgliederung

Da in der Praxis aber meist 60 m, höchstens 75 m zugelassen werden, müßte ein derartiger Bauteil in weitere vier bis fünf Abschnitte durch (sekundäre) Dehnfugen unterteilt werden.

2.2   Arbeitsfugen

Ähnlich wie bei den Dehnungsfugen gibt es Unterteilungen des Rohbaues, seien sie aus Stahl oder Stahlbeton, bei denen weniger aus statischen als aus konstruktiven Gründen zeitweilig die Arbeit unterbrochen wird. Auch hier ist es ratsam, eine Fuge anzuordnen. Genauer gesagt: die Arbeit wird zu einem bestimmten Zeitpunkt an dieser Stelle unterbrochen. Dementsprechend hat der Ablaufplaner hierauf Rücksicht zu nehmen.

2.3   Nutzungsbereiche

Bereits aus dem Raumprogramm ist zu erkennen, daß das Bauwerk verschiedene Funktionen zu erfüllen hat, die sich in unterschiedlichen Nutzungen äußern. Meist entspricht jeder Nutzung auch eine im wesentlichen gleiche Ausstattung des Innenausbaues. Wenn dies der Fall ist, kann der Grundriß entsprechend diesen Nutzungen unterteilt werden. Beispielsweise wird ein Wohnhaus in Wohnräume, Naßräume, Nebenräume und Spezialräume (Schwimmbad, Sauna) unterteilt. Eine Schule würde in Klassenzimmer, Sonderklassen, Flure, WCs, Verwaltung und Hausmeisterwohnung gegliedert.

In dieser Weise sollte man jeden Grundriß unterteilen, um später für jede Nutzung die Reihenfolge der Innenausbauarbeiten festlegen zu können.

2.4   Strukturierung gleicher Nutzungen

Sobald der Umfang eines Bauwerks zu groß und die Anzahl der Räume gleicher Nutzung zu zahlreich wird, sollte man eine weitere Unterteilung vornehmen. Dies wird in vielen Fällen die Ebene sein (Geschosse). Aber auch innerhalb einer Ebene kann es geraten erscheinen, nochmals zu unterteilen (z. B. Ost-, Westteil). Letztlich bleibt dies der Intuition des Planers überlassen. Dahinter steht jedoch die Überlegung, wieviel Vorgänge der Plan insgesamt enthalten soll (Bild 22).

2.5   Zusätzliche Ebenen und Unterteilungen

Komfortablere Rechenprogramme bieten die Möglichkeit, einzelne Vorgänge auf der nächst niederen Ebene weiter zu unterteilen. Aus dem »Rohbau« werden dann: Erdarbeiten, Gründungen, Stahlbetonarbeiten, Mauerarbeiten, Stahlbau, Dachabdichtungsarbeiten und Zimmerarbeiten. Die »Stahlbetonarbeiten« wiederum lassen sich auf der nächstniederen Ebene nach Abschnitten und Ebenen gliedern. Schließlich können auch diese auf der dritten Ebene nochmals nach Elementen unterteilt werden: Stützen, Wände, Unterzüge und Decken.

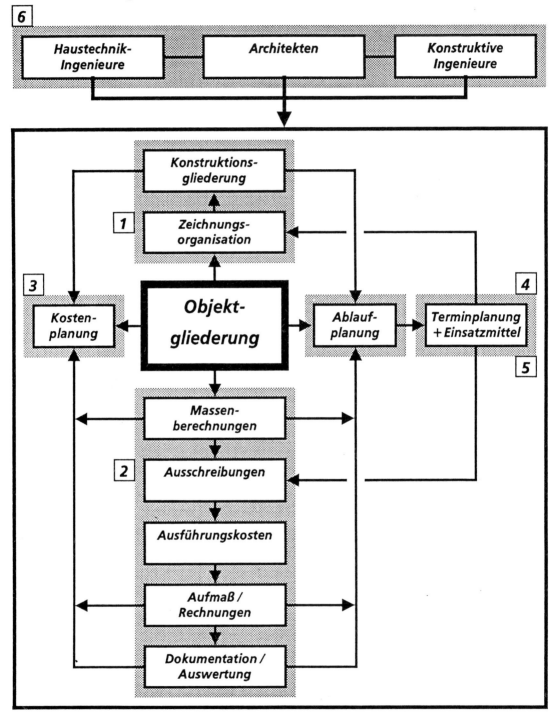

Bild 21: Die Objektgliederung als Zentralproblem der Datenorganisation

Ein Ablaufplan kann schrittweise immer feiner unterteilt werden, um der Realität zu entsprechen und zuverlässige Aussagen über den wahrscheinlichen Ablauf zu erhalten. In einem späteren Kapitel wird gezeigt, wie diese schrittweise Verfeinerung und Vertiefung des Ablaufmodells zu einer besonders realistischen, dabei aber auch rationellen, kostensparenden Ablaufplanung führt (»Gleitende Planung«, Bild 81).

2.6   Die Gesamtgliederung des Ablaufplanes

Die Lokalgliederung des Terminplanes soll an dem folgendem Beispiel (Bild 22) dargestellt werden:

Bauabschnitte
   Anhand einer Skizze wird der Grundriß in bestimmte Abschnitte vertikal unterteilt.

Dehnungsfugen
   (Untergliederung horizontal) Nachdem der Tragwerksplaner diese Unterteilungen festgelegt hat, können konstruktive Unterabschnitte der einzelnen Bauabschnitte definiert werden.

Ebenen der Bauabschnitte
   Anhand eines Schnittes und der durch ihre Höhenkoten definierten Ebenen läßt sich jeder Bauabschnitt horizontal weiter unterteilen.

Rohbaugliederung
   Entsprechend der gewählten Konstruktion kann jede Ebene in ihre Festpunkte (Treppen, Schächte) und die zugehörigen Flächen unterteilt werden. Es handelt sich um Außen- und Innenwände, Stützen, Unterzüge und Decken.

Ausbaugliederung (Nutzungsgliederung)
   Jede Nutzung führt zu unterschiedlichen Ausbaureihenfolgen, die deshalb getrennt aufgelistet werden müssen.

Ausbaureihenfolgen
   Nun muß anhand der Detailzeichnungen und Spezifikationen die Reihenfolge der Gewerke des jeweiligen Bereiches festgelegt werden. Dies geschieht, indem man für jeden Nutzungsbereich (Büros, Flure, Treppenhäuser, Naß- und Funktionsräume) die erforderlichen Arbeitsschritte in der Abfolge ihrer Ausführung auflistet. Am besten geschieht dies anhand von Schnittzeichnungen, an denen eine »Ablaufanalyse« durchgeführt wird. Man stellt sich vor, wie auf der Baustelle die einzelnen Gewerke nacheinander ihre Arbeit verrichten.

2.7   Die Produktgliederung als zentrales Anliegen der Projektorganisation

Das bedeutet, daß bereits in den frühen Projektphasen Einverständnis über die Gliederung des späteren Objektes erreicht werden muß (Bild 21).

2.7.1   Zeichnungsorganisation

Die Ausführungszeichnungen sollten so strukturiert sein, daß die einzelnen Abschnitte und Bereiche jeweils auf einem Blatt zusammengefaßt sind.

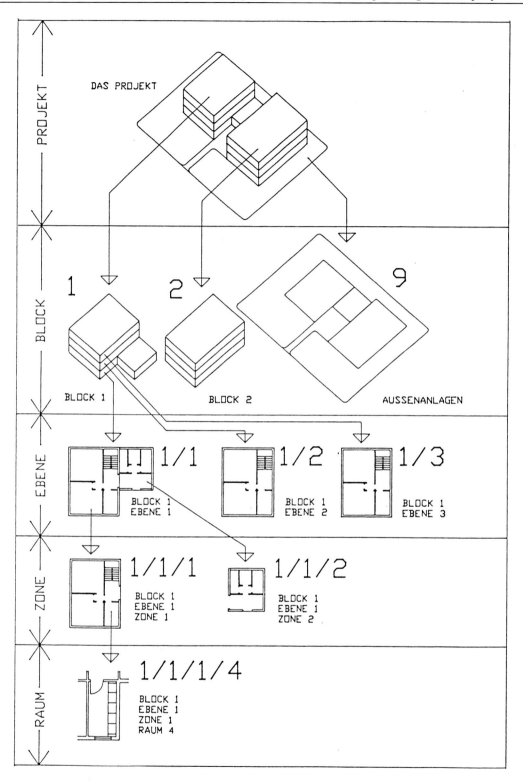

Bild 22: Topologische Strukturierung (Quelle: RIBA-CI/SfB Handbook)

Es sollte möglichst vermieden werden, daß die Trennlinie zwischen zwei Bereichen mitten durch eine Zeichnung verläuft. Das ist nicht nur für die Ausführung und Bauleitung vorteilhaft. Es hat auch Vorteile für Mengenberechnungen und Abschlußzahlungen.

2.7.2   Leistungsverzeichnisse und Aufträge

Bisher ist es nicht üblich, eine Ausschreibung nach Bereichen aufzuteilen. Obwohl dies mittels EDV eine Kleinigkeit wäre, werden Texte und Mengenansätze nicht wiederholt. Dabei ist die Mengenermittlung auf diese Weise viel transparenter. Es wäre sogar möglich, die Mengen auf die Tages- oder Wochenleistung abzustimmen um damit präzise Fortschrittsmessungen durchzuführen. Daß damit anstelle von Abschlagszahlungen auch schnelle Endabrechnungen möglich würden, sei nur am Rande vermerkt.

2.7.3   Kostenplanung

Zur Stunde gibt es zwar viele Vorschläge für die Kostenplanung und -steuerung. Aber noch niemand hat sich darüber Gedanken gemacht, daß durch präzise Zeichnungen, gut nachprüfbare Mengenermittlungen und daraus abgeleitete Leistungsverzeichnisse die einfachste, schnellste und fehlerfreie Kostenplanung sich fast wie ein Abfallprodukt entwickeln ließe.

2.7.4   Terminplanung

Auch für die Netzplantechnik gilt, daß eine nach klaren Gliederungsregeln strukturierte Ablaufplanung gleichsam als Nebenprodukt der Mengen- und Kostengliederung entsteht. Anstelle von vagen Schätzungen treten dann zuverlässige Kennwerte, die mit innerbetrieblichen Erfahrungs- und Kalkulationswerten noch zuverlässiger gemacht werden können (Produktionsplan).

2.7.5   Einsatzmittelplanung

Längst gehört die Umrechnung der Auftragspreise auf Manntage und -wochen zum festen Kenntnisstand der Bauleiter. Sie organisieren die Montagekolonnen auf diesem Wege und können dann durch Personalkontrolle den Fortschritt überprüfen und leicht auf den Endtermin hochrechnen.

2.7.6   Fachingenieure und Berater

Es versteht sich, daß nicht nur der Architekt sich entsprechend der Produktgliederung organisiert. Auch seine Fachingenieure und Berater müssen diese Ordnung und Strukturierung akzeptieren und voll übernehmen. Nur auf diesem Wege lassen sich optimale, fehlerfreie Gesamtlösungen erzielen (Bild 21).

2.7.7   Zusammenfassung

Sowohl die Koordination aller Beteiligten als auch die Termin- und Kostenplanung, die Arbeitsvorbereitung und die Fortschrittskontrolle profitieren von einer einheitlichen Produkt-(Objekt-)struktur. Wer sein Projekt entsprechend organisiert, vermeidet Ärger und Nachteile.

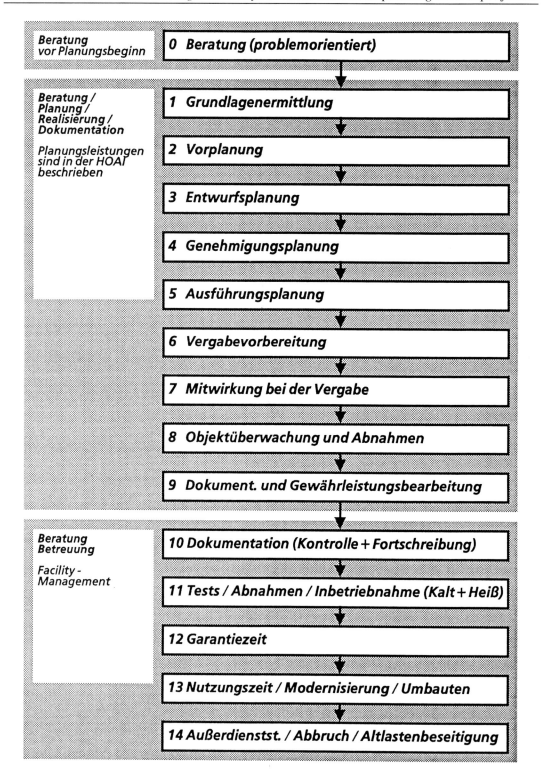

Bild 23: Phasen im Projekt

2.8 Phasen als zeitliche Strukturen des Projektablaufes

Die Honorarordnung kennt neun Phasen. In der Praxis hat sich eine weitergehende Aufteilung bewährt, die sowohl am Anfang als auch nach der Inbetriebnahme weitere Phasen berücksichtigt.

Weil Beratung in unserer arbeitsteiligen Welt immer wichtiger wird, ist diese Tätigkeit mit in das Ablaufschema aufgenommen. Verwaltungen, Industrie und Kommunen suchen in letzter Zeit Unterstützung bei ihren oft schwerwiegenden Entscheidungen und bedienen sich dann der Unterstützung hochqualifizierter Spezialisten, die manche Architekten durch Berufserfahrung oder durch ihr Interesse für Sonderbereiche geworden sind (Bild 23).

Aber auch nach der Gebrauchsabnahme sind viele Architekten noch gefragte Berater. Neben der Umnutzung, der Modernisierung veralteter Gebäude oder Produktionsanlagen spielt dabei die Instandhaltung eine immer größere Rolle. Das »Facility Management«, heute auch als »Objektmanagement« im Gespräch, wird immer wichtiger und scheint einen wachsenden Einfluß auf Überlegungen zur Nutzung und Konstruktion der Bauten zu bekommen.

Auch Überlegungen zur Lebensdauer technischer Systeme, vor allem in Verbindung mit der Kapitalbindung, den Instandhaltungskosten und den wachsenden Zinssätzen werden in letzter Zeit öfter zur Sprache gebracht.

Amerikanische Architekten haben einen eigenen Ratgeber zum »Life-cycle-Costing« schon vor vielen Jahren herausgebracht, weil dort die Regierungsstellen derartige Überlegungen in ihre Kostenentscheidungen einbeziehen. Auch die englischen Kollegen scheinen bei derartigen Lebensdauerberechnungen ein gutes Stück voraus zu sein. Das sollte uns aber nicht daran hindern, ebenfalls auf dem Gebiet der dynamischen Investitionsrechnung aktiv zu werden.

Nur am Rande sei erwähnt, daß die in der HOAI nicht ausdrücklich erwähnte Inbetriebnahme einen immer größeren Stellenwert einnimmt. Mit steigendem Technikanteil kompliziert sich das Funktionieren. Es dauert seine Zeit, bis die Bedienung genau so funktioniert, wie es sich die Planer vorgestellt haben. Als Terminplaner ist es unsere Aufgabe, für ausreichende Zeitreserven gerade in diesem Bereich zu sorgen und damit den unvermeidlichen Frust in der letzten Bauphase nach Kräften zu minimieren.

Bliebe noch die letzte Phase des Zyklus. Meist wird sie kommenden Generationen überlassen, so wie es unsere Vorfahren auch getan haben. Die steigende Bedeutung der Altlastenbeseitigung mahnt uns, in Zukunft mit mehr Verantwortungsbewußtsein als früher auch den Abbruch und die Umnutzung unserer Objekte in die Planung einzubeziehen.

Bei der Terminplanung müssen wir unterscheiden zwischen

dem   **Ablaufmodell**

und

seiner   **Darstellung.**

Mögliche Abbildungen des Modells sind:

- **Terminlisten**
- **Balkendiagramme**
- **Netzpläne**
- **Meilensteinpläne**
- **Liniendiagramme**

Nur eine einzige Darstellung liefert neben der Abbildung des Modells auch noch Produktionsvorgaben für den Ablauf

Das Liniendiagramm

Bild 24: Ablaufmodell und Ablaufdarstellung sind nicht identisch

3 Termine für Planung und Ausführung: Ablaufmodell und Darstellung

In der Literatur wird ständig von »Terminplanungsmethoden« gesprochen. Dabei muß für den nicht informierten Leser der Eindruck entstehen, als wären diese Methoden allein entscheidend für die gesamte Terminplanung. Das ist jedoch nicht der Fall. Ein Blick auf Bild 24 zeigt, daß alle diese Methoden eher als unterschiedliche Darstellungen eines immer gleichen Sachverhaltes angesehen werden können. Ganz gleich, ob man daraus einen Netzplan entwickelt, Meilensteine dargestellt oder lediglich Vorgangsbalken auf einer Zeitachse angeordnet werden – wenn es immer das gleiche Objekt ist und stets die gleichen Inhalte (Vorgänge) darin genannt werden, so handelt es sich immer um den gleichen Sachverhalt: *das Ablaufmodell.*

Unter einem »Ablaufmodell« soll verstanden werden die (abstrakte) Struktur eines Prozesses, unabhängig von seiner Darstellung. Inzwischen sind zahlreiche Möglichkeiten bekanntgeworden, wie dieses Modell abgebildet und dargestellt werden kann. Man hat auch herausgefunden, daß es Darstellungen gibt, die auf die Produktionsparameter Rücksicht nehmen und solche, die lediglich das Ablaufmodell selber abbilden.

Selbstverständlich ist ein Modell um so brauchbarer und realistischer, je mehr es sich der Realität anpaßt. Das bedeutet, daß jeder zusätzliche Parameter zu einer größeren Abbildungsgenauigkeit und damit zu besseren Ergebnissen führt. Wie aus Bild 48 hervorgeht, rangiert damit eine Darstellung im Liniendiagramm eindeutig höher als eine solche in Netz- und Balkenplan-Darstellung. Denn dort wird zwingend die Reihenfolge der abzuarbeitenden Abschnitte, ihre Ablaufgeschwindigkeit und -richtung von vornherein vorgeschrieben. Wer fehlerfrei und realistisch terminieren will, kommt damit am Liniendiagramm nicht vorbei. Nur in dieser Darstellung sind alle tatsächlich existierenden Faktoren erkennbar und nachvollziehbar. Nur hier läßt sich der tatsächliche Baustellenablauf einfach planen, überwachen und, falls erforderlich, auch steuern und korrigieren.

Jahr																			
Monat	1	2	3	4	5	6	7	8	9	10	11	12	1	2	3	4	5		
Baubeschluß	▲																		
Planerauftrag		▲																	
Bauantrag fertig					▲														
Auftrag Rohbau									▲										
Baubeginn Tiefgarage									▲										
Baubeginn 1. Bauabschn.													▲						
Baubeginn 2. Bauabschn.																	▲		
Einzug 1. Bauabschn.																			
Einzug 2. Bauabschn.																			

Bild 25: Meilensteinplan

Wie setze ich Meilensteine?

An markanten Ereignissen und Arbeitsabschnitten:

1. Planungsbeginn
2. Baugenehmigung
3. Rohbaubeginn
4. Beginn Rohmontage Haustechnik
5. Regenfester Rohbau (Kanal, Fallrohre, Regenrinnen)
6. Wetterfester Rohbau (Fassade, Fenster, Verglasung)
7. Winterfester Rohbau (Heizung, evtl. provisorisch)
8. Start »nasser« Ausbau (Putz, Estrich etc.)
9. Einzug – Nutzungsbeginn

Frost und Regenwetter können den Baufortschritt erheblich beeinflussen. Deshalb wird der Architekt sich darauf einstellen, den Rohbau erst nach Frostende zu beginnen und möglichst vor dem Wintereinbruch fertigstellen. Mit Abschluß der Dachdeckung oder -dichtung wird er möglichst auch die Fortleitung des Tageswassers fertiggestellt haben, damit der Keller trocken bleibt. Im Idealfall hat er die Heizung soweit montiert, daß der wind- und wetterdichte Rohbau auch provisorisch beheizt werden kann.

Bild 26: Meilensteine – der Beginn jeder Terminplanung

3.1   Meilensteine

Nach der Definition der DIN 69 900 Teil 1 sind Meilensteine Ereignisse besonderer Bedeutung, ohne einen Zeitwert, und zwar markante, leicht zu bestimmende und festzulegende Zeitpunkte. In Bild 25 erkennt man einige dieser Festpunkte und ihre Zuordnung zu wichtigen Phasen der Bauarbeit. Ohne Absicherung gegen Tageswasser können die eigentlichen Ausbauarbeiten nicht beginnen. Ohne seitlichen Schutz gegen Witterungseinflüsse sind viele Arbeiten undenkbar.

Ohne zusätzliche Beheizung können in Frostzeiten keine wassergebundenen Baustoffe verarbeitet werden.

Außer der Rohbaufertigstellung gibt es noch zahlreiche andere wichtige Meilensteine vor der eigentlichen Inbetriebnahme und Übergabe an die Nutzer (Bild 26).

3.2   Grobschätzung der Dauern auf oberster Ebene

In Bild 30 sind, abhängig von einem mittleren Baufortschritt, die wahrscheinlichen Dauern der bisher genannten Vorgänge dargestellt. Dem Rohbau mit einer Dauer von 24 Monaten, schließt sich der Ausbau mit einem Nachlauf von 20 Monaten an.

Dies darf als besonders schnelles Projekt angesprochen werden:

- Schnelles Projekt = Nachlauf des Ausbaus unter Rohbauzeit
- Normales Projekt = Nachlauf des Ausbaus gleich Rohbauzeit
- Großes Projekt = Nachlauf des Ausbaus größer als die Rohbauzeit

Der Rohbau wird mit 5200 m³/Monat (1250 m³/Woche, 250 m³/Tag) angegeben.

Für den Ausbau lauten in Bild 30 die Werte 4300 m³/Monat, 1000 m³/Woche und 200 m³/Tag. Dies können jedoch nur grobe Anhaltswerte sein, die so bald wie möglich durch bessere, zuverlässigere Zeitangaben ersetzt werden müssen.

Bild 29 ist eine bisher ungewohnte Darstellung der Terminplanung, das Liniendiagramm. Es ist unter vielen Namen den Fachleuten seit langer Zeit bekannt (Bild 31) und bietet dem geschulten, erfahrenen Terminplaner zahlreiche Vorteile (Kapitel 5).

Taktfertigung

hat auch für die Organisation der Architektenarbeit viele Vorteile:

1. *Frühe terminliche Vorgaben,*
2. *übersichtliche Gliederung, leicht zu verstehen,*
3. *leicht zu ändern,*
4. *schnell zu lernen,*
5. *gute Einbindung in die Planungsstruktur,*
6. *motivierend durch Übersichtlichkeit,*
7. *einfache Fortschrittskontrolle,*
8. *Zwang zu frühzeitigen Festlegungen,*
9. *Abbau von Streß und Überstunden,*
10. *gleichmäßiger Arbeitsfluß.*

Bild: 27: Thesen zur Taktfertigung

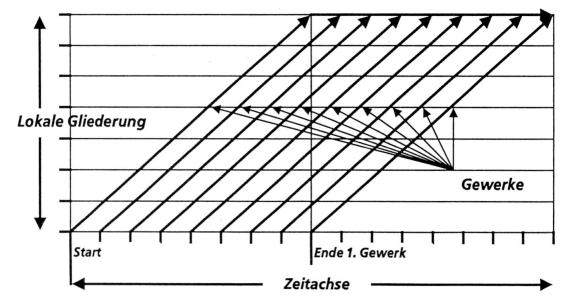

Bild 28: Taktfertigung vereinfacht und beschleunigt die Arbeit

Diese werden noch anschaulicher und zahlreicher in dem Moment, wo man eine »Taktfertigung« organisieren kann (Bild 27). Unter diesem Begriff versteht man eine Vorgangsfolge von zahlreichen Vorgängen gleicher Dauer, die in stets gleichen Abständen einander folgen, eben den sogenannten »Takten«. Viele Jahrzehnte war diese Fertigungsmethode in der Automobilbranche eine bekannte Methode. Henry Ford hat sie zu Beginn unseres Jahrhunderts eingesetzt und damit den Siegeszug des PKW eingeleitet. Auch wenn heute schon wieder andere, elastischere Fertigungsmethoden überlegt und eingeführt werden, so zeigt die Erfahrung sowohl auf der Baustelle als auch im Zeichenbüro, welche erheblichen Vorteile dort mit der Taktfertigung zu erreichen sind.

Man berechnet aus baubetrieblichen Werten (Kapitel 14) die wahrscheinliche Rohbaudauer, überlegt sich die mögliche Überschneidung von Roh- und Ausbau und kann daraus bereits das in Bild 71 dargestellte erste Ablaufkonzept der Gesamtmaßnahme entwickeln.

Natürlich bereitet dabei der Ausbau mit seinen zahlreichen Alternativen größere Mühe als der Rohbau, speziell oberhalb des Kellers.

Aber anhand der in Kapitel 11 dargestellten Zeichnungsanalyse lassen sich auch hier bestimmte Zeitschätzungen erarbeiten. Auf der vorhergehenden Seite wurden erste Hinweise für die Restdauer des Ausbaues nach Rohbauende gegeben. Dabei zeigt die Statistik, daß in den meisten Fällen der Restausbau kürzer als der Rohbau dauert, wenn die Möglichkeiten einer systematischen Überlappung (Kapitel 7) sinnvoll genutzt wurden.

3.3   Zusammenfassung

Das in Bild 27 dargestellte Ablaufmodell gibt nur eine grobe Vorstellung des wahrscheinlichen Gesamtmodells. In Kapitel 12 wird ein detailliertes Gesamtmodell Bau vorgestellt (Bilder 68 und 69), das erheblich mehr Informationen enthält und als Grundlage der gesamten Terminkonzeption verwendet werden kann.

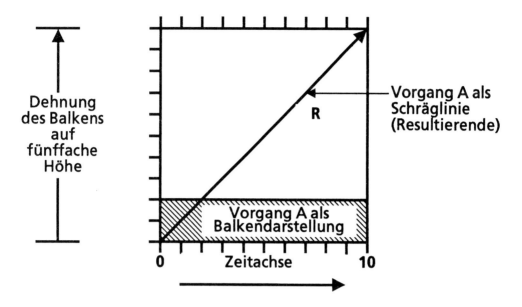

Bild 29: Das Liniendiagramm
         Der Übergang vom Balken zur Schräglinie

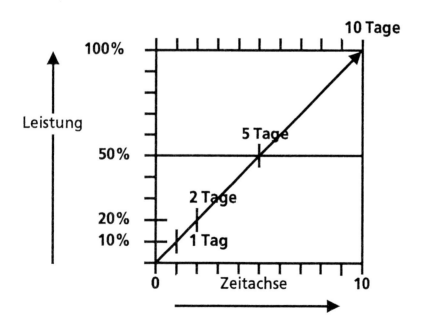

Bild 30: Anteilige Dauern eines Vorgangs

3.4   Liniendiagramme – eine ungewohnte Ablaufdarstellung (Bild 31)

Die Vorteile des Liniendiagrammes sind zwar den meisten Architekten unbekannt, sie erweisen sich aber schon nach kurzer Einarbeitung durch folgende Vorteile als hilfreich:

- Berücksichtigung der Ablaufrichtung
- Realistische Ausführungsfolgen und Ausführungstermine
- Berücksichtigung der Produktionsparameter
- Eindeutige Definition der Anordnungsbeziehungen
- Schnelle Terminbestimmung und Terminanpassung
- Überprüfen fremder Terminpläne auf Logik
- Klarstellungen von Überlappungen (Terminfehler),

um nur die wichtigsten herauszugreifen. Was aber sind Liniendiagramme? Wodurch unterscheiden sie sich von Balken- und Netzplänen? Versuchen wir einmal, eine einfache Erklärung zu finden!

Der verbreiterte Vorgangsbalken

Stellen wir uns den obersten Vorgang eines Balkenplanes vor: er soll zehn Wochen dauern. In der Zeichnung war er bisher, wie alle anderen Vorgänge des Balkenplanes, 1 cm hoch und 5 cm lang. Nun erhöhen wir diesen Balken auf 5 cm, also den zehnfachen Wert. Wir erhalten ein Rechteck von 5 cm Höhe und 5 cm Länge.

Nun zeichnen wir in dieses Rechteck eine Diagonale ein, die links unten am Startpunkt Null beginnt und rechts oben am Endpunkt Zehn endet. Diese Diagonale hat also den gleichen Beginn- und Endzeitpunkt wie der ursprüngliche (1 cm hohe) Vorgangsbalken. Auch die Diagonale stellt damit den gleichen Vorgang wie der ursprüngliche Balken dar (Bild 29).

Wir haben das ursprüngliche Balkendiagramm in eine andere Darstellung umgewandelt. So wie man aus dem Netzplan jederzeit einen Balkenplan erzeugen kann, ebenso läßt sich der Balkenplan in eine weitere Darstellung transformieren. Wie wir diese Darstellung bezeichnen wollen, wird weiter unten beschrieben.

Zusätzlich kann die neue Darstellung aber noch weitere Informationen enthalten. Durch die oben beschriebene vielfache Dehnung der Höhe, also der y-Achse, kann auf der Senkrechten die Vorgangsdauer weiter unterteilt werden: halbieren, vierteln, fünfteln oder sogar zehnteln. Damit werden die Zusammenhänge zwischen Teilleistungen und den zugehörigen Dauern hergestellt:

$1/10$ Leistung = 1 Tag

$1/5$ Leistung = 2 Tage

$1/2$ Leistung = 5 Tage

und so weiter (Bild 30).

Das Liniendiagramm

ist unter vielen Bezeichnungen bekannt:

> **– Volumen – Zeit-Diagramm**
> **– V-Z-Diagramm**
> **– Geschwindigkeitsdiagramm**
> **– Zeit-Weg-Diagramm**
> **– Line-of-Balance (LOB)**
> **– Zyklogramm**
> **– Pace-Diagramm**

Das Geschwindigkeitsdiagramm zeichnet sich dadurch aus, daß es eine enge Verknüpfung zwischen Dauern und Mengen herstellt. Es gliedert zwangsläufig das Modell in einzelne lokale Abschnitte.

Es legt eine Arbeitsrichtung und eine Geschwindigkeit fest (Menge pro Zeiteinheit). Es zeigt klar die Vorgänge in ihrer Lage zu Vorgänger und Nachfolger und kann dadurch das beste Ablaufmodell erzeugen:

Die Taktfertigung

Bild 31: Das Linien- oder Geschwindigkeitsdiagramm

Durch die Dehnung der y-Achse haben wir die Möglichkeit, zusätzlich zur Vorgangsdauer weitere Informationen für jeden Vorgang festzulegen:

- den Prozentsatz der Fertigstellung
- eine Menge (Länge, Fläche, Kubatur)
- eine Stückzahl.

Die Diagonale schneidet gewissermaßen bestimmte Teile und Abschnitte aus dem Vorgangsbalken heraus. Auf jeden Fall erhalten wir damit Bezüge zwischen der Dauer und der darin enthaltenen Leistung. Wir sprechen von *Zeit-Wege-Diagrammen* oder von *Volumen-Zeit-Diagrammen*.

Andererseits können wir feststellen, daß mit kürzerer Dauer, also höherer Geschwindigkeit der Ausführung, die Diagonale steiler verläuft. Bei längerer Dauer würde sie flacher verlaufen. Also macht die Schräglinie des Vorganges auch eine Aussage über die Geschwindigkeit, mit der die Leistung in der Zeiteinheit erbracht wird. Werden in 100 % einer y-Achse 500 m^2 Estrich verlegt, so geschieht dies mit einer Verlegeleistung (= Geschwindigkeit) von 100 m^2 pro Tag. Wir sprechen deshalb auch von einem *»Geschwindigkeitsdiagramm«*.
(Englisch: velocity oder pace diagram [Bild 31].)

In einem Übungsbeispiel (Bild 94) wird nachgewiesen, daß überlappende Vorgänge eine um so kürzere Gesamtdauer ergeben, je geringer sich ihre jeweilige Dauer unterscheidet und je geringer die Abstände zwischen den Startpunkten dieser Schräglinien sind. Die Amerikaner bezeichnen diese Darstellung als besonders ausgeglichen, ausbalanciert:

»Line of Balance«.

(»Line of Balance« meint ursprünglich eine spezielle Technik, die mit anderen Komponenten arbeitet, aber zum gleichen Ergebnis kommt.)

Während Netzpläne heute meist aus Knoten und verbindenden Anordnungsbeziehungen gebildet werden (Knoten-Vorgangsnetze), während Balken meist als mehr oder weniger dicke Balken gezeichnet werden, bestehen die diagonal gezeichneten Vorgänge nur aus Linien. Man nennt sie deshalb auch einfach *Liniendiagramme,* was sachlich richtig, aber ziemlich farblos und unanschaulich ist. Da in der ICONDA-Datenbank des IRB Stuttgart aber nur dieses einzige Schlüsselwort gespeichert wurde, sollte es der weiteren Darstellung zugrunde gelegt werden. Denn diese Datenbank ist die größte, am besten ausgestattete Informationsquelle des deutschen wie des europäischen Architekten und Wissenschaftlers überhaupt für zusätzliche Informationen und Baudaten.

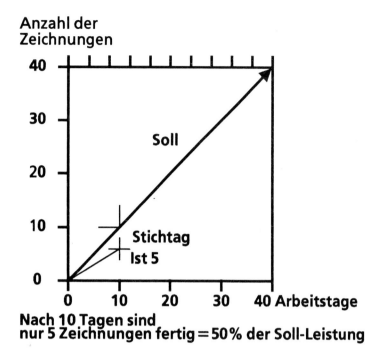

Bild 32: Anwendungen des Liniendiagramms
        Projektkontrolle

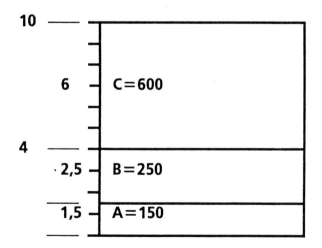

Bild 33: Anwendungen des Liniendiagramms
        Proportionale Teilung der y-Achse

Kontrollprozeduren

Mit Liniendiagrammen lassen sich einzelne, wichtige Vorgänge schon vom ersten Tag an auf die Einhaltung der geschätzten oder gewünschten Geschwindigkeit (= Leistungserfüllung) hin überprüfen. Wenn in der Woche fünf Zeichnungen erstellt werden sollen, insgesamt in acht Wochen also 40 Teilgrundrisse, weiß man beispielsweise schon nach wenigen Tagen, ob täglich ein derartiger Plan fertiggestellt wird. Oder man kann überprüfen, ob Stützen, Fundamente oder andere Elemente termingerecht montiert oder eingebaut werden (Bild 32):

Die gleiche Projektkontrolle ist möglich für Zargen, Türblätter, Fenster, Trennwandelemente, Heizkörper, Leuchten und was der Teile mehr sind. Quadratmeter Schalung lassen sich ebenso messen wie Tonnen Bewehrungsstahl, m^3 Erdaushub ebenso wie eingebauter Beton oder vermauerter Stein, seien es Ziegel, Bimshohlblock- oder Kalksandsteine. Laufende Meter Dachholz sind ebenso zu überprüfen wie verlegte Fußleisten, Schutzgeländer oder Rohrleitungen.

Die Bauingenieure waren es bisher gewohnt, nur Hafenkais, Eisenbahntunnels oder -gleise, Autobahn- und Straßenkilometer mit Hilfe von Liniendiagrammen zu terminieren, also reine Linienbaustellen. Nun steht fest, daß auch alle anderen Bauarbeiten, seien sie auf der Baustelle oder im Planungsbüro zu erbringen, sich mit diesen Diagrammen darstellen lassen. Durch die Verbindung der

Mengenaufstellung mit der Dauer, also der Zeitachse, ergibt sich eine ebenso einfache wie brauchbare und praxisnahe Kontrollmöglichkeit für den Baufortschritt (Bild 54).

Hinweise

So wie durch die Dehnung des einen Balkens sich die schräge Diagonale ergibt, so lassen sich auch vollständige Vorgangsfolgen nacheinander aufzeichnen und darstellen. Man muß nur anstelle der einzigen Horizontallinie eine zusätzliche zweite hinzufügen, nämlich die obere Begrenzung. Der Abstand dieser oberen Grenzlinie von der unteren kann beliebig gewählt werden. Er ist u. a. davon abhängig, welche Maßdimensionen man wählt. Bei einer Prozentangabe empfiehlt sich die Wahl einer Zehnergröße, als 10, 15 oder 20 cm, um jederzeit einfach und schnell Prozentangaben in dieser Darstellung einzeichnen zu können. Bei anderen Meßgrößen sollte man ein Vielfaches oder einen Bruchteil der Gesamtmenge wählen. Hat man etwa drei Abschnitte von 150, 250 und 600 m^2, so beträgt die Gesamtfläche 1000 m^2, die man als Länge 10 (oder ein Vielfaches) im Verhältnis 3 : 5 : 12 (oder 1,5 : 2,5 : 6) unterteilt. Dadurch wird auch die Gesamtdauer für alle drei Abschnitte proportional ermittelt (Bild 33).

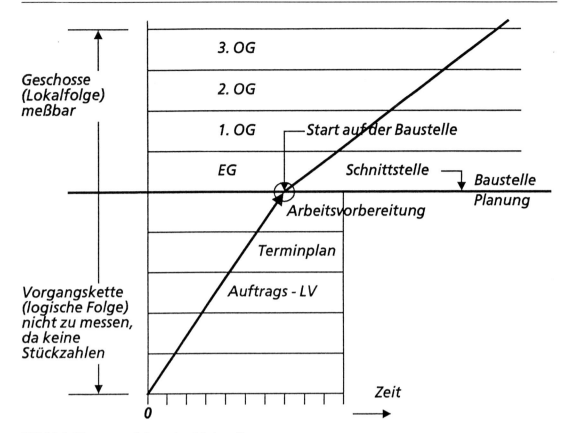

Bild 34: Vorgangsfolgen im Liniendiagramm
Im Bild wird der Baubeginn als Schnittstelle zwischen
Vorbereitungs- und Bauphase deutlich

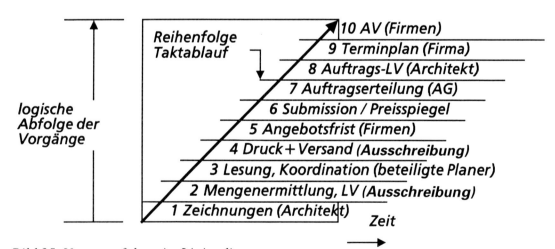

Bild 35: Vorgangsfolgen im Liniendiagramm
Das Bild zeigt das Ausschreibungsverfahren als Beispiel für eine
kontinuierliche Vorgangsfolge

Vorgangsfolgen

Während wir bisher davon ausgingen, daß ein einziger Vorgang durch horizontale Trennlinien regelmäßig oder proportional unterteilt wird, sind auch andere Vorgangsanordnungen denkbar. Beispielsweise sind in der Planung verschiedene Ablaufketten üblich, die alle der Schnittstelle *»Beginn auf der Baustelle«* vorgeschaltet werden. Diese Schnittstelle bezeichnet den Beginn der einzelnen Vorgänge auf der Baustelle. Sie hat als Vorläufer sowohl die Koordinierung der jeweils erforderlichen Ausführungszeichnungen als auch die Ausschreibung und Vergabe, speziell bei gewerkeweiser Einzelvergabe. Hinzu kommt für den Stahlbeton-Rohbau die Koordination und Terminierung der Schal- und Bewehrungszeichnungen.

Wahrscheinlich macht es anfangs Probleme, daß bei den vorgenannten Fällen nicht ein einziger, homogener Vorgang als Schräglinie dargestellt wird, sondern eine Serie unterschiedlicher, unmittelbar aufeinanderfolgender Vorgänge. Diese können zwar von verschiedenen Verantwortlichen ausgeführt werden, müssen aber unmittelbar voneinander abhängig sein und (im Regelfall) ohne Unterbrechung aufeinander folgen (Bild 34).

Als Beispiel möge ein Ausschreibungsverfahren dienen (Bild 35).

Als erstes werden Zeichnungen und Beschreibungen vom Architekten bereitgestellt: Vorgang 1.

Anschließend werden daraus die Mengen ermittelt und Leistungsbeschreibungen konzipiert: Vorgang 2.

Als dritter Schritt wird das Konzept des Leistungsverzeichnisses mit den Beteiligten (Bauherr, Architekt, Bauleiter, Ausschreibender, betroffene Fachplaner oder Nachbardisziplinen) durchgesprochen und ergänzt: Vorgang 3.

Schließlich wird die Reinschrift gedruckt und versandt: Vorgang 4.

Es schließt sich die Phase an, in der interessierte Firmen oder Handwerker ihren Leistungsumfang kalkulieren und den Angebotspreis berechnen: Vorgang 5.

Nach der Submission muß ein Preisspiegel erstellt werden: Vorgang 6.

Es folgen Verhandlungen mit einer oder mehreren Firmen, die mit der Auftragserteilung abschließen: Vorgang 7.

Das Auftragsleistungsverzeichnis muß erstellt und verteilt werden: Vorgang 8.

Ein Ablaufplan wird aus dem Auftragsleistungsverzeichnis entwickelt: Vorgang 9.

Die Arbeitsvorbereitung disponiert Material, Arbeitskräfte und Gerät, um einen zügigen Bauablauf sicherzustellen: Vorgang 10.

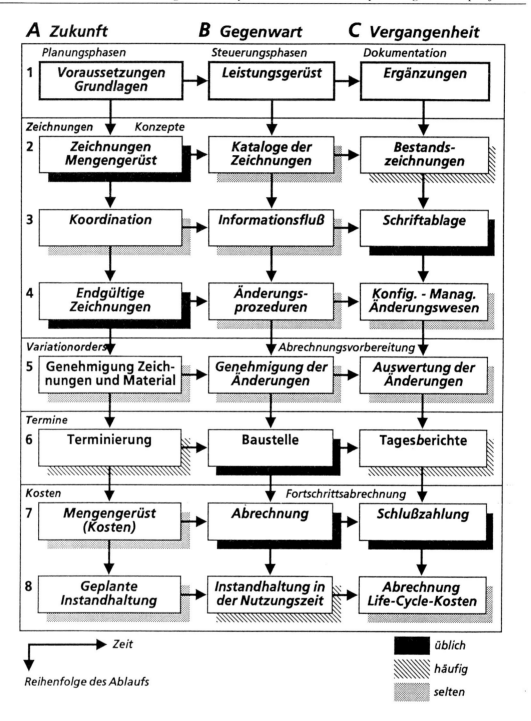

Bild 36: Drei Zeitphasen des Projektmanagements

Während auf die Zukunft gerichtete Aktivitäten als »Planung« bezeichnet werden, sind Vorgänge in der Gegenwart als »Steuerung« anzusehen. Die Beschäftigung mit der Vergangenheit dagegen wird als »Dokumentation« bezeichnet.

4 Phasen der Projektarbeit: Planung, Steuerung, Dokumentation

Unter *Planung* verstehen wir allgemein das sinnvolle Disponieren *zukünftiger Vorgänge und Aufgaben*. Planung ist die Vorwegnahme später zu erbringender Aufgaben und Leistungen. Sie definiert Abläufe und Prozesse, ist aber nicht produkt- und objektorientiert. Derartige Ergebnisse werden als Objekte, als Entwürfe einer später zu realisierenden physischen Funktion betrachtet.

Wenn Planung auf die Zukunft gerichtet ist, beschäftigt sich die *Steuerung* mit der *Gegenwart*. Ihre Aufgabe ist die Sicherung einmal vorgegebener Ziele. So wie ein Schiff den einmal vorgegebenen Kurs einzuhalten versucht, so steuert der Projektleiter sein Ziel an. Jede Abweichung wird korrigiert, im Sinne kybernetischer Regelkreise.

Dokumentation schließlich hält das Geschehen schriftlich oder in anderer Weise fest, so daß es jederzeit wieder gesucht und gefunden werden kann. Dokumentation beschäftigt sich mit der *Vergangenheit* und sichert die Möglichkeit, diese wieder verfügbar und nachvollziehbar zu machen (Bild 36).

Erst in der Kombination aller drei Phasen entwickelt sich das Projektmanagement zu einer in sich abgeschlossenen, überzeugenden Gesamtleistung. Von einer geglückten, runden Projektarbeit kann man erst nach dem Close-out, dem guten Abschluß der letzten Phase sprechen.

4.1 Phasen der Planung

Wie in Bild 23 dargestellt ist, werden während der Planung verschiedene Bereiche nacheinander bearbeitet. Nach Klärung der Grundlagen und Voraussetzungen (Zeile 1, Bild 36) kann mit dem Entwurf begonnen werden. Dieser schlägt sich nieder in den Zeichnungskonzepten (Bild 37) und einem ersten, provisorischen Mengengerüst (Zeile 2, Bild 36). Es schließt sich an die wichtige Tätigkeit der Koordination, d. h. die gegenseitige Abstimmung unterschiedlicher Ziele und Interessen im Hinblick auf die Gesamtaufgabe (Zeile 3, Bild 36). Mit den endgültigen, ausführungsreifen und freigegebenen Zeichnungen wird die Zeichnungsproduktion vorläufig abgeschlossen (Einfrieren der Planung).

Jeder Praktiker weiß, daß auch nach dem Einfrieren der Planung (sofern es überhaupt versucht wird), noch Änderungen erforderlich sind. Beispielsweise ändert sich das Raumprogramm, oder die technische Entwicklung führt zu anderen Funktionsabläufen. Oder es ergeben sich wirtschaftlichere, bessere Konstruktionslösungen. Diese Änderungen der Aufgabe (Konfiguration) sollten systematisch definiert, analysiert und diskutiert werden: Es entsteht das *Änderungs- oder Konfigurationsmanagement* (Zeile 5, Bild 36).

Gesamtablauf der Zeichnungsproduktion – ein Ausblick

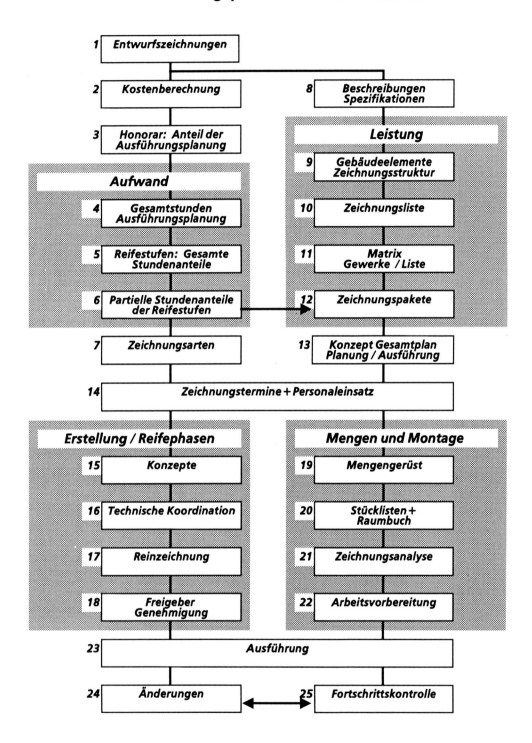

Bild 37: Terminierung der Zeichnungsproduktion

Sowohl die Zeichnungsproduktion als auch die anderen Planungsaufgaben bedürfen der terminlichen Einbindung in die bürointerne wie auch in die externe Arbeitswelt. Damit wird mit fortschreitender Planung auch das Einhalten vorgegebener Fristen wichtiger (Zeile 6). Nach der Freigabe aller Ausführungszeichnungen wird aus dem provisorischen Mengengerüst das endgültige erstellt (Zeile 7). Es kann als Grundlage für die endgültigen Kosten verwendet werden. Schließlich wird der weitschauende Auftraggeber auch an die Werterhaltung denken und deshalb die geplante Instandhaltung seines Objektes in die Gesamtplanung einbeziehen (Zeile 8).

4.2   Phasen der Steuerung

Aus den Planungsgrundlagen ist nach Fertigstellung des Entwurfes das gesamte Leistungsgerüst geworden. Es enthält alle Berechnungen, Spezifikationen (Leistungsverzeichnisse) und Zeichnungen (Zeile 1). Diese werden gewerkeweise bzw. bauteilweise sortiert und fortgeschrieben (Zeile 2).

Bei der Gesamtkoordination hat der Projektsteuerer den Informationsfluß für das gesamte Projekt aufgebaut. Im Rahmen dieser Vorgabe wird berichtet, bewertet und gesteuert (Zeile 3). Sobald sich Änderungen ergeben, werden diese im Rahmen des Änderungsmanagements berücksichtigt und in ihren Auswirkungen auf Nachbardisziplinen bewertet (Zeile 4).

In einer ordnungsgemäß organisierten Konfigurationsprozedur wird mit der Genehmigung und Freigabe das Verfahren abgeschlossen (Zeile 5).

Die Baustellentermine sind weitgehend Sache der örtlichen Bauleitung (Zeile 6). Jedoch obliegt dem Projektsteuerer sowohl die Überwachung als auch die rechtzeitige Ablieferung der Zeichnungen auf der Baustelle. Mit den Leistungsfeststellungen und Teilrechnungen endet die Steuerungsphase, weil zu diesem Zeitpunkt nur noch begrenzte Eingriffsmöglichkeiten bestehen (Zeile 7). Die in Zeile 8 dargestellte Instandhaltung selbst wird zwar durch den Projektsteuerer initiiert, aber nicht mehr überwacht (Zeile 8). Grundsätzlich läßt sich feststellen, daß Steuerung um so erfolgreicher ist, je früher sie eingreift.

4.3   Phasen der Dokumentation

Meist wird diese Phase stiefmütterlich behandelt, weil entweder schon ein neues Projekt begonnen wurde oder weil die Fachkräfte scheinbar unnütze Zeit verschwenden. In der Rückschau auf den Projektablauf (Zeile 1) aber und durch die Auswertung der Bestandszeichnungen (Zeile 2) und des Schriftgutes (Zeile 3) werden solide Grundlagen sowohl für die Hausverwaltung geschaffen (Facility Management) als auch Erfahrungen gesammelt, die bei zukünftigen Ausgaben wichtig und nützlich sein können.

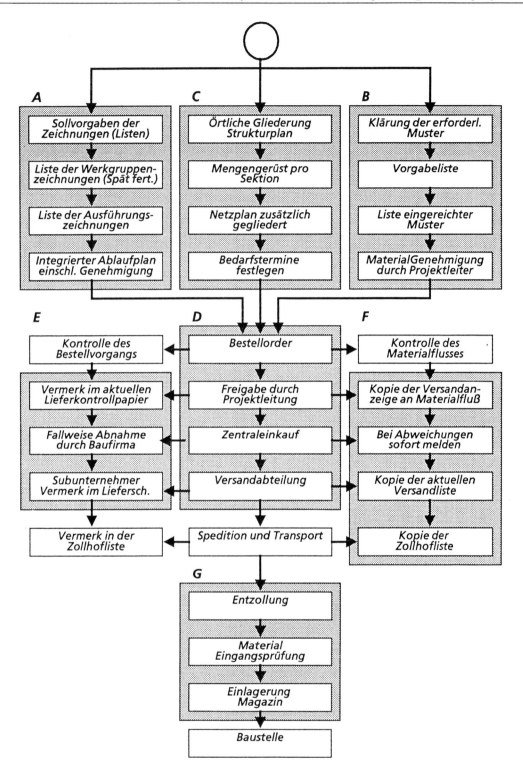

Bild 38: Gesamtsystem Logistik Auslandsbau

Der in den Zeilen 4 und 5 angesprochene Rückblick auf den Konfigurationsablauf ist wichtig sowohl für die Begründung von Kostenänderungen als auch bestimmte Terminverzögerungen. Hier können sorgfältig erstellte Tagesberichte (Zeile 6) hilfreich und wichtig sein. Das gilt nicht zuletzt für Lebensdauerberechnungen, wie diese in den USA neuerdings immer wieder von den Behörden verlangt werden (Zeile 8). Life-Cycle-Costing ist dort für Regierungsstellen ein Muß und wird auch von der Berufsvereinigung (American Institute of Architects) propagiert und gefördert. Es kann zu erhöhter Wirtschaftlichkeit des Bauwerks führen.

4.4   Zusammenfassung

Die Darstellung der drei Bereiche und ihrer Zonen hat nur symbolischen Charakter und gibt eher Anregungen für die eigene Arbeit, als daß sie eine erschöpfende Aufzählung liefert. Sie zeigt aber, wie die einzelnen Phasen sich bedingen, auch wenn diese teilweise nebeneinander oder zumindest überlappend ablaufen.

4.5   Innovationen in der Projektarbeit

Zum Schluß ein kurzer Blick auf die Hintergrundschattierungen der Vorgangskästen in Bild 36! Neben den heute allgemein üblichen Prozeduren (Zeichnungswesen, Schriftablage, Abrechnung und Zahlungen) mit schwarzer *Markierung* stehen die bei guter Projektabwicklung zusätzlich praktizierten Vorgänge (Terminplanung, Bestandspläne, Tagesberichte) in *Schrägschraffur.*

Dagegen sind *punktiert* unterlegte Bereiche noch Mangelware, wie etwa

- Genehmigung und Freigabe der Zeichnungen (Bild 37),
- Systematik des strukturierten Mengengerüstes,
- Änderungsmanagement und Konfiguration,
- Kontrollierter Informationsfluß,
- integrierte Gesamtkoordination,
- Lebensdauerberechnungen und -philosophie.

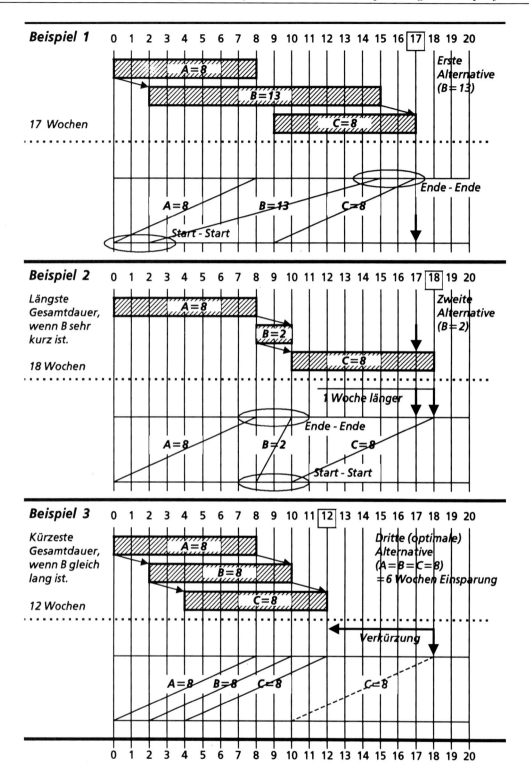

Bild 39: Kurze Durchlaufzeiten durch (fast) gleiche Vorgangsdauern

5 Vorteile des Liniendiagramms

5.1 Optimierung der Gesamtdauer

In Bild 39 sind drei verschiedene Abläufe
für die Vorgänge A, B und C dargestellt.
Während A und C die gleiche Dauer aufweisen, wechselt der Zeitaufwand für den
mittleren Vorgang (langsam, schnell,
parallel). Jeder der drei Abläufe wird
zweimal dargestellt:

- als Balkendiagramm
- als Liniendiagramm.

Die zeitliche Lage ist dabei absolut gleich.
Die Startpunkte der Vorgänge in beiden
Darstellungen entsprechen sich. Und doch
zeigen sich erhebliche Unterschiede in
beiden Darstellungen, auf die im folgenden detailliert eingegangen werden soll.

Vorgangsabstände

Zwischen dem jeweiligen Beginn von
Vorgang A und Vorgang B sind in Beispiel 1 zwei Wochen Abstand vermerkt.
Auch zwischen dem Ende von B und C
beträgt der Abstand zwei Wochen. Aber
während diese Festlegung im Balkenplan
als willkürlich empfunden wird, wird sie
im darunter abgebildeten Liniendiagramm
als »kritische Annäherung« der Vorgänge
erkennbar, als das Maß nämlich, das nicht
unterschritten werden darf.

Dauer des mittleren Vorgangs

Nachdem B im ersten Beispiel 13 Wochen
dauerte, was zu einer Gesamtdauer A-B-C
von 17 Wochen führt, soll nun eine Beschleunigung gewählt werden (Crash-
Approach). Der Vorgang soll durch ver-
größerten Personaleinsatz und Überstunden in nur zwei Wochen ausgeführt
werden (Beispiel 2).

Was im Balkenplan überhaupt nicht
erkennbar wäre, kann dem Liniendiagramm entnommen werden: Wir erkennen,
daß wegen der »kritischen Annäherung«
die Enden von A und von B zwei Wochen
auseinander liegen müssen. Ähnlich geht
es mit dem Start von B und C. Anstelle
einer Verkürzung des Gesamtablaufes
A-B-C vergrößert sich die Dauer aus diesem Grunde sogar auf 18 Wochen!

Optimale (kürzeste) Gesamtdauer

In Beispiel 3 weisen alle Vorgänge die
gleichen »kritischen Abstände« für Start
und Ende auf, weil sie gleiche Dauern
(8 Wochen) haben. Das Ergebnis wird für
manchen überraschend sein, denn die
Gesamtdauer verkürzt sich damit auf
zwölf Wochen!

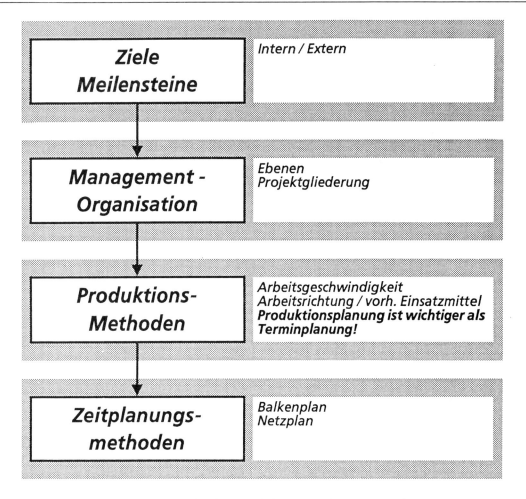

Es gibt Ablaufplanungsmethoden, welche zusätzlich zu spezifischen Terminierungsaspekten auch die wesentlicheren Gesichtspunkte der Produktionsplanung berücksichtigen.

Während ein Netzplan weder auf die Arbeitsrichtung noch auf die gleichmäßige Arbeitsgeschwindigkeit der Leitvorgänge achtet, sind diese Parameter im Geschwindigkeitsdiagramm enthalten.

Produktionsplanung ist wichtiger als Terminplanung.
Deshalb ist der Geschwindigkeitsplan dem Netzplan überlegen.

Bild 40: Hierarchie der Planungsentscheidungen

Diese Verkürzung wurde nicht etwa durch vermehrten Personaleinsatz oder durch Überstunden erzielt, sondern durch die Angleichung der Dauer des mittleren Vorgangs an die Dauer der übrigen Vorgänge. Auch wenn diese Anpassung nur angenähert ist, also sieben oder neun Wochen betragen würde, wäre das Ergebnis zumindest ähnlich, denn nur durch die parallele Lage aller Vorgänge im Liniendiagramm erzielen wir diesen Beschleunigungseffekt!

5.2   Was ist aus diesem Beispiel zu lernen?

*   Die kürzeste Bauzeit einer Ablauffolge wird dann erreicht, wenn alle Vorgänge die gleiche Dauer aufweisen.
*   Nur das Liniendiagramm vermittelt ein Gefühl dafür, welche »kritischen Abstände« zwischen Vorgängen zulässig sind (Bild 82).
*   Gleichzeitig definiert das Liniendiagramm die Art der Verknüpfung. Beispielsweise sind A und B im ersten Beispiel durch eine Start-Start-Verknüpfung verbunden; im zweiten Beispiel aber durch eine Ende-Ende-Verknüpfung. Im Netzplan spielen derartige Verknüpfungen eine große Rolle, so daß die Auswahl der richtigen Verbindung wichtig ist.

Regel: Folgt auf eine kurze Dauer eine längere, sind diese durch eine *Start-Start-*Verknüpfung verbunden. Umgekehrt ergibt sich eine *Ende-Ende-*Verknüpfung, sobald auf einen längeren Vorgang ein kurzer folgt.

Das Liniendiagramm gibt wesentlich mehr Einblick in die Ablaufstruktur als das Balkendiagramm. Dadurch können viele Fehler vermieden werden, die in einem Balkenplan nicht erkannt werden können. Ein Beispiel zeigt Bild 11. Dort liegt der Vorgang E zwei Einheiten zu früh und läuft deshalb auf seinen Vorgänger D auf. Auch hier ist die Situation weder im Netzplan noch im Balkenplan zu erkennen.

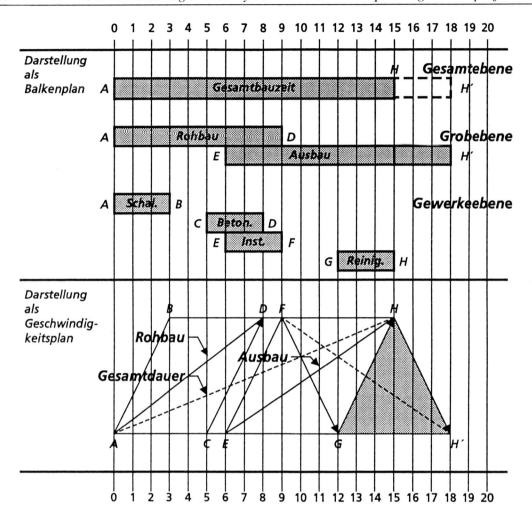

Das Ablaufmodell ist hier zweimal abgebildet:
– unten als Liniendiagramm
– oben als Balkenplan

Im Balkenplan sind drei Ebenen dargestellt:
– Gesamtprojekt (A – H)
– Roh- und Ausbau (A – D bzw. E – H)
– Gewerke des Roh- und Ausbaus.
Die Buchstaben, Beginn- und Endtermine, sowie die Dauern sind in beiden
Darstellungen identisch.

Im Liniendiagramm ist leicht erkennbar, warum die Umkehrung des Ausbaus
(F – G – von der obersten Objektebene nach unten – statt E – F) zur
Bauzeitverlängerung führt. Anstatt von E nach H verläuft nun der Ausbau
von F nach H'.

Bild 41: Grafische Terminplanung zeigt auch die Arbeitsrichtung

5.3 Die Umkehrung der Arbeits- richtung im Liniendiagramm

In Bild 41 wird wieder ein Ablauf auf zweifache Weise dargestellt:

• Liniendiagramm im unteren Teil,
• Balkenpläne im oberen Teil.

Beide Darstellungen sind inhaltlich gleich. Der einzige Unterschied besteht darin, daß im Liniendiagramm drei Ebenen der Termindarstellung *ineinander* gezeichnet sind.

Dagegen erkennt man im Balkenplan drei Ebenen *übereinander*.

Der Balkenplan und seine Ebenen

Oben ist das Projekt als Ganzes dargestellt (A – H). Darunter sind Rohbau (A – D) und Ausbau (E – H) getrennt. Ganz unten schließlich sind im Rohbau die Schalvor- gänge (A – B) und die Betoniervorgänge (C – D) getrennt dargestellt. Dazwischen würde beispielsweise noch die Bewehrung liegen. Der Ausbau soll beginnen mit der technischen Rohinstallation (E – F) und enden mit der Baureinigung (G – H). Auch hier liegen zahlreiche Ausbautakte zwi- schen dem ersten und letzten Vorgang, die aber der Deutlichkeit halber nicht darge- stellt werden.

Der Linienplan und seine Ebenen

Analog den zuvor beschriebenen Gliede- rungen finden wir im unteren Teil des Bildes alle drei Ebenen des Balkendia- grammes wieder.

Die oberste Ebene (A – H) wird durch die gestrichelte Linie dargestellt.

Auf der nächsten Ebene finden wir den Rohbau (A – D) als Diagonale des Paralle- logramms A-B-D-C und den Ausbau als Diagonale (E – H) des Parallelogramms E-F-H-G.

Auf der unteren Ebene sind die Schalung (A – B) und das Betonieren (C – D) ebenso dargestellt wie die Ausbauvorgänge Rohinstallation (E – F) und Baureinigung (G – H).

Die Steigung der Linien und die Ebenen

Ein Vergleich der drei Ebenen im Ge- schwindigkeitsdiagramm zeigt, daß die oberste Linie die geringste Steigung, die unterste Ebene dagegen die größte Stei- gung aufweist. Dies ist leicht zu erklären, denn mit jeder zusätzlichen Ebene werden die Parallelogramme kleiner, die Resul- tierenden mithin kürzer und steiler.

Die Umkehrung der Arbeitsrichtung im Ausbau

Für den Praktiker immer wieder interes- sant ist die Frage, ob sich nach Abschluß der Rohbauarbeiten nicht die Arbeitsrich- tung umkehren läßt.

Das hätte den großen Vorteil, daß die ober- sten Geschosse als erste fertiggestellt und damit frei von Handwerkern wären. Die Sauberkeit wäre gewährleistet und die Handwerker zögen sich ebenso aus der Baustelle zurück wie dies im Rohbau üb- lich ist.

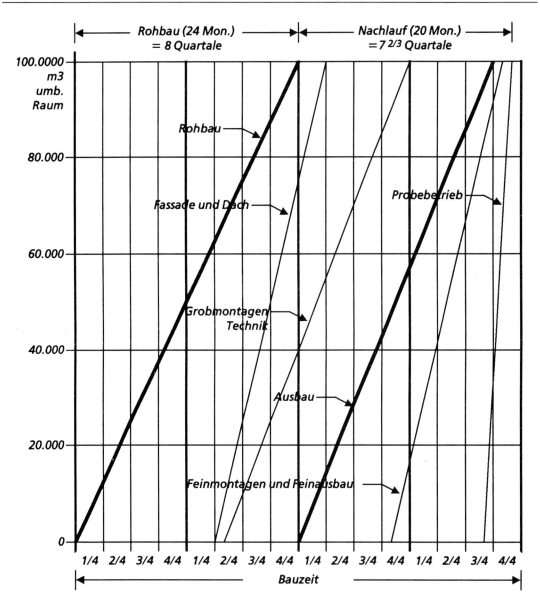

Schnelles Projekt: Rohbau / Nachlauf = 24 / 20 = 1,2 (1,0 - 1,5)
Quelle: Maier, IIR Konferenz 24.11.93 in Köln

Bild 42: Schematisches Geschwindigkeitsdiagramm einer Hochbaumaßnahme

Im Balkendiagramm würden die Konsequenzen dieser Entscheidung wahrscheinlich nicht so schnell erkannt wie im Liniendiagramm. Wir sehen, daß die Rohinstallation schon begonnen hat, während im letzten (obersten) Teil des Rohbaus noch betoniert wird. Dagegen können diese Arbeiten erst bei F beginnen, wenn von oben nach unten gearbeitet werden soll (Bild 41 oben).

Die Konsequenz besteht darin, daß nun auch die Baureinigung erst bei H beginnen kann und dementsprechend erst bei H´ beendet ist. Das schraffierte Dreieck G–H–H´ zeigt die Verzögerung, die durch die Umkehrung der Arbeitsrichtung entstanden ist.

In der Praxis würde sich dies darin auswirken, daß nach dem Betonieren der unteren Geschosse wochenlang kein Ausbauhandwerker zu sehen wäre. Erst nach dem Richtfest käme allmählich wieder Leben in den Bau, und zwar von oben nach unten immer mehr anwachsend.

5.4 Zusammenfassung

Das vorliegende Beispiel zeigt anschaulich, wie schnell die Auswirkungen einer systematischen Arbeitsorganisation sich im Liniendiagramm darstellen. Netzplan wie Balkendiagramm müssen hier versagen, weil sie reine *Abbildungen eines Ablaufmodells* sind (Bild 40).

Das Liniendiagramm gibt die Möglichkeit, die Produktion sowohl nach der Arbeitsrichtung als auch nach der Reihenfolge der Abschnitte zu organisieren und dabei stets die Auswirkungen aller Entscheidungen sofort abschätzen zu können (Bild 42).

Damit hat der Architekt ein einfaches und sicheres Mittel, jederzeit mit denkbar geringem Aufwand sein Ablaufmodell zu erstellen und in alternativen Vorschlägen auszuprobieren. Er benötigt dazu weder einen Computer noch umständliche Matrizen oder Tabellen. Es genügt ein DIN-A4-Blatt mit den Datumsangaben, in das die jeweiligen Abläufe eingeschrieben werden.

Die gesamte Terminplanung kann im Format DIN A4 abgewickelt werden, und das solange, wie dies gewünscht wird. Die *detaillierten* Termine werden später mit dem Rechner fortgeschrieben. Am Anfang braucht man sich aber noch nicht damit zu belasten.

Der größte Vorteil der Arbeit mit grafischen Darstellungen wie Liniendiagrammen liegt in der Tatsache, daß der Architekt damit eine erstaunliche Sicherheit als Terminplaner gewinnt.

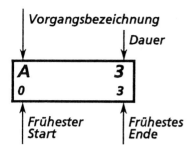

Der Vorgang (Arbeitsschritt)

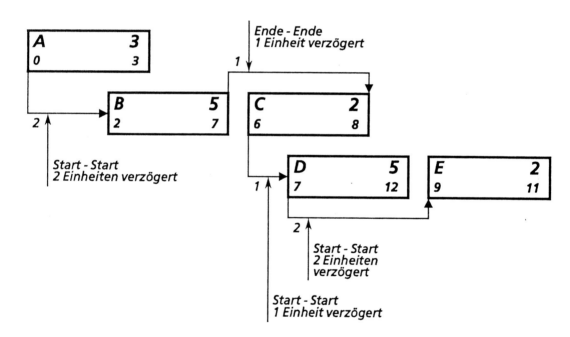

Verschiedene Möglichkeiten der Anordnungsbeziehungen

Die Anordnungsbeziehungen sind auch grafisch ablesbar.

*Am Ende von »B« beginnt eine Verknüpfung,
die am Ende von »C« aufhört: ENDE – ENDE*

Bild 43: Logik der Anordnungsbeziehungen

6   Elemente des Ablaufplanes

6.1   Der Vorgang (Bild 43 oben)

Ein Vorgang ist ein zeitverbrauchendes Geschehen. Er hat einen Start- und einen Endpunkt. Meist benötigt er Einsatzmittel, seien es Personal (Lohn), Material oder andere Hilfsmittel (Gerät, Subunternehmer). Fast jeder Vorgang hat sowohl einen Vorgänger als auch einen Nachfolger, mit denen er durch Logik, Arbeitsmethoden oder die Relation der beiden Dauern verbunden ist (Anordnungsbeziehung).

Stellen wir uns einen Neubau vor: Wir sehen, wie Arbeiter die Schalung für eine Erdgeschoßdecke zimmern, wie sie die Bewehrung flechten und verlegen und den Beton gießen. Damit haben sie den Vorgang »Erdgeschoßdecke herstellen« abgeschlossen. Im Leistungsverzeichnis könnte sowohl dieser Text stehen als auch eine Aufgliederung nach mehreren Einzelschritten (Positionen):

- 80 m² Decke über dem Erdgeschoß schalen
- 0,25 t Baustahl IIIb liefern, zuschneiden und einbauen
- 15 m³ Beton B 25 liefern und einbringen
- 80 m² Erdgeschoßdecke ausschalen, säubern und lagern.

Das Beispiel zeigt zwei verschiedene Beschreibungstiefen: einmal ist es ein Vorgang, das andere Mal sind es vier Vorgänge.

Meist bevorzugt der Architekt die erste, der Bauingenieur die zweite Variante. Wir können daraus folgende Thesen ableiten:

1. *Je nach der Interessenlage gibt es verschiedene Möglichkeiten (Ebenen), um die Vorgänge eines Projektes zu gliedern.*

2. *Während der Architekt sich mit einer gröberen Gliederung begnügen kann (die er aus den Bauzeichnungen ableitet), muß der ausführende Handwerker seine Leistungen und Vorgänge erheblich feiner (tiefer) gliedern (nach dem LV).*

6.2   Die Ausgangsinformation

Um einen Vorgang zu beschreiben, genügen meist wenig Informationen: Text, Dauer, oft auch eine numerische Unterscheidung, seltener ein zusätzlicher Code (Verantwortlichkeit, örtliche Lage, Kostengruppe, Ressource). Je gröber und damit höher auf der Ebenen-Hierarchie, desto einfacher dürfen die Angaben sein. Die Angabe der Gesamtdauer des Rohbaues benötigt weniger Zusatzinformationen als etwa die Ermittlung des Arbeitsaufwandes für das Schalen einer Geschoßdecke.

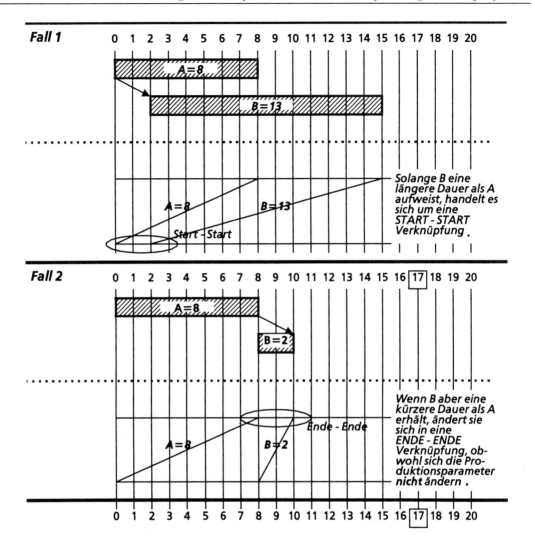

Bild 44: Sequenzbedingte Verknüpfung

Wir leiten daraus folgende Thesen ab:

3. *Je detaillierter die vorhandenen Informationen sind, desto realistischer und damit präziser wird auch der daraus entstehende Ablaufplan werden.*

4. *Je lückenhafter und punktueller die erreichbaren Informationen sind, desto mehr Änderungen und Nachbesserungen benötigt der Plan zu einem späteren Zeitpunkt.*

6.3   Leitungs- und Vorgangsebenen

Den Bauherrn interessiert nur, wann sein Haus bezogen werden kann. Der Projektleiter möchte dagegen genauer unterrichtet werden: Ist die Obergeschoßdecke termingerecht fertig geworden? Der örtliche Bauleiter des Architekten wird sich, vor allem bei verzögerten Abläufen, um noch mehr Detail kümmern. Beispiel: Sind die Stützen rechtzeitig bewehrt und betoniert worden? Den Polier oder den Bauführer der ausführenden Firma interessiert der Stundenaufwand der wichtigsten Positionen ebenso wie der gesamte Monatsumsatz der Baustelle.

Wir sehen, daß den verschiedenen Ebenen der Management-Hierarchie auch unterschiedliche Ebenen der Ablaufplanung entsprechen. Je größer die Verantwortlichkeit, desto geringer das Detail und um so größer der Überblick.

Umgekehrt steigt mit sinkender Verantwortung das Detail der Ablaufplanung, in einem immer kleineren Bereich. Daraus leiten wir folgende Thesen ab:

5. *An der Hierarchie-Spitze interessiert vor allem der Überblick (bei geringem Detail). An der Hierarchie-Basis wird viel Detail benötigt, aber nur für begrenzte Bereiche.*

6.4   Die Anordnungsbeziehungen

Bei der Definition des Wortes »Vorgang« haben wir bereits auf die Verknüpfungsmöglichkeiten zwischen den Vorgängen hingewiesen. Denn die meisten Vorgänge sind innerhalb einer langen Vorgangskette miteinander verknüpft (Bild 43 unten).

Die logische Verknüpfung

Die meisten Vorgänge sind durch die Logik aneinander gekettet. Der Praktiker kennt die Abfolge der meisten Gewerke. Vor allem aber sind wir in der Lage, aus den Detailschnitten schnell abzulesen, wie die Arbeit nacheinander ausgeführt werden muß. Ohne Wände kein Dach, ohne Estrich kein Bodenbelag, ohne Zimmermann keine Dachdeckung. Über diese Abfolge braucht nicht viel nachgedacht zu werden. Vielmehr genügen alle diese Vorgänge der einfachen Regel (Bild 45 oben):

Nach der Fertigstellung von »A« kann der Vorgang »B« beginnen.

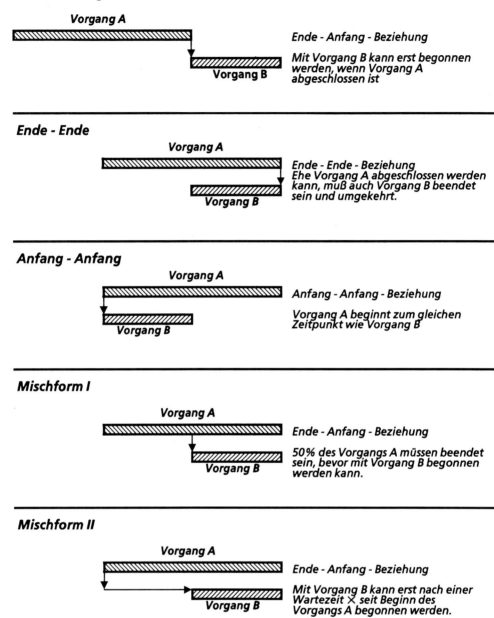

Ende - Anfang

Vorgang A

Vorgang B

Ende - Anfang - Beziehung

Mit Vorgang B kann erst begonnen werden, wenn Vorgang A abgeschlossen ist

Ende - Ende

Vorgang A

Vorgang B

Ende - Ende - Beziehung
Ehe Vorgang A abgeschlossen werden kann, muß auch Vorgang B beendet sein und umgekehrt.

Anfang - Anfang

Vorgang A

Vorgang B

Anfang - Anfang - Beziehung

Vorgang A beginnt zum gleichen Zeitpunkt wie Vorgang B

Mischform I

Vorgang A

Vorgang B

Ende - Anfang - Beziehung

50% des Vorgangs A müssen beendet sein, bevor mit Vorgang B begonnen werden kann.

Mischform II

Vorgang A

Vorgang B

Ende - Anfang - Beziehung

Mit Vorgang B kann erst nach einer Wartezeit X seit Beginn des Vorgangs A begonnen werden.

Andere Mischformen sind möglich

Bild 45: Anordnungsbeziehungen

Die systembedingte Verknüpfung

Es gibt aber auch Folgen, die weniger durch Logik als durch bestimmte technische Forderungen bestimmt werden. Wenn eine Unterspannbahn unter der eigentlichen Dachabdichtung das Kennzeichen des Systems »X« ist, dann muß diese Bahn vorab verlegt werden. Oder wenn zu einem Bauteil eine Zarge und ein Endrahmen gehören, dann muß die Zarge vorher eingemauert oder -betoniert werden, während der Rahmen erst viele Arbeitsgänge später montiert werden sollte. Hier geht es nicht um den gesunden Menschenverstand, sondern um Vorschriften, die der Hersteller für sein Produkt vorgibt, soll er seine Garantieverpflichtung erfüllen.

Die sequenzbedingte Verknüpfung

Für den Laien ist die sequenzbedingte Verknüpfung schwer einsehbar. Sie gibt es allerdings nur bei sich überlappenden Vorgängen. Wenn ein langsamer Vorläufer einen schnelleren Nachfolger hat, so darf dieser erst viel später beginnen als es auf den ersten Blick den Anschein hat (Bild 44, Fall 2).

Andernfalls würde er nämlich schon nach kurzer Zeit auf den Vorgänger auflaufen. Die kürzeste Verbindung ergibt sich am Ende beider Vorgänge: sie sind durch eine Ende-Ende-Verbindung miteinander verknüpft.

Das Umgekehrte ist ebenso zutreffend. Denn wenn der Vorgänger schneller ist als der Nachfolger, handelt es sich um eine Start-Start-Verknüpfung (Bild 44, Fall 1). Natürlich kann es auch beide Verknüpfungen gemeinsam geben, dann nämlich, wenn beide Vorgänger gleiche Dauern aufweisen (Bild 39, Fall 3).

In der Vergangenheit gab es einige US-amerikanische Rechenprogramme, die auch andere Kombinationen zulassen. Betrachtet man diese Fälle unter unserer Prämisse (Darstellung als Liniendiagramm), dann ergibt sich für einen geschulten Ablaufplaner, daß sich aus der Vielfalt der gleichzeitig definierten Relationen überhaupt kein Sinn ergibt.

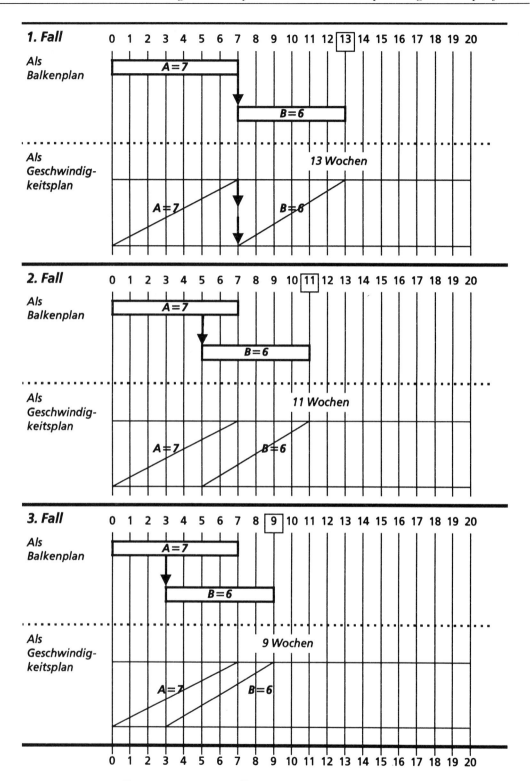

Bild 46: Intensivere Überlappung ohne Änderung der Vorgangsdauern

7 Abläufe verkürzen – wie geht das am einfachsten?

Kurze Durchlaufzeiten sind das Gebot der Stunde. Wir wissen, daß Beschleunigung im Normalfall nur durch Überstunden oder zusätzliche Arbeitskraft zu erreichen ist. Beides aber kostet zusätzliches Geld, das wir gern sparen möchten. Tatsächlich hat der Ablaufplaner in bestimmten Fällen die Möglichkeit, Beschleunigungen ohne zusätzlichen Finanzaufwand zu erreichen.

Überlappungen haben noch einen zweiten, für das Projekt erfreulichen Vorteil, der im zweiten Teil dieses Abschnitts besprochen werden soll. Wenn Verzögerungen auftreten, werden nach den Schulregeln der Netzplantechnik dadurch alle Vorgänge auf dem kritischen Weg betroffen und die Fertigstellung entsprechend verzögert. In der Praxis ist das keineswegs die Regel. Mancher Auftraggeber ist dann erstaunt oder fast sogar unwillig, wenn Verzögerungen sich nicht auf den Endtermin auswirken.

7.1 Beschleunigung durch Verschachteln und Überlappen

Im Normalfall werden Vorgänge nacheinander abgearbeitet. Wenn A fertig ist, kann B beginnen. Wir sprechen von einer Ende-Anfang-Verknüpfung beider Vorgänge.

Dauert A beispielsweise sieben Wochen und B sechs Wochen, so wird die Arbeit nach (7 + 6 =) 13 Wochen beendet sein. Wenn B aber bereits zwei Wochen vor dem Ende von A beginnt, so wird die Gesamtdauer auf elf Wochen verkürzt. Sollte es vom Platzangebot und der Ausführungstechnik her möglich sein, bereits drei Wochen nach dem Start von A mit B zu beginnen, so verkürzt sich die Gesamtdauer sogar auf insgesamt neun Wochen, also einen ganzen Monat weniger (30 % Zeiteinsparung [Bild 46]).

Dies wurde erreicht, ohne auch nur einen Mann, eine Maschine oder eine Mark mehr aufgewendet zu haben. Allein durch zusätzliche Überlegungen und die Zuverlässigkeit der arbeitenden Firmen und Handwerker ist das gelungen. Dabei handelt es sich nur um zwei Vorgänge. Wenn wir uns einmal überlegen, daß man es mit einer Ablaufkette von 15 oder gar 20 Vorgängen zu tun hat, dann lassen sich bei derartigen Überlappungen ohne viel Überlegung schnell Verkürzungen von (15 x 2 =) 30 Wochen erzielen, also glatte sieben Monate !

Das klingt kaum glaublich, ist aber bei entsprechender Arbeitsorganisation durchaus möglich (Bild 46).

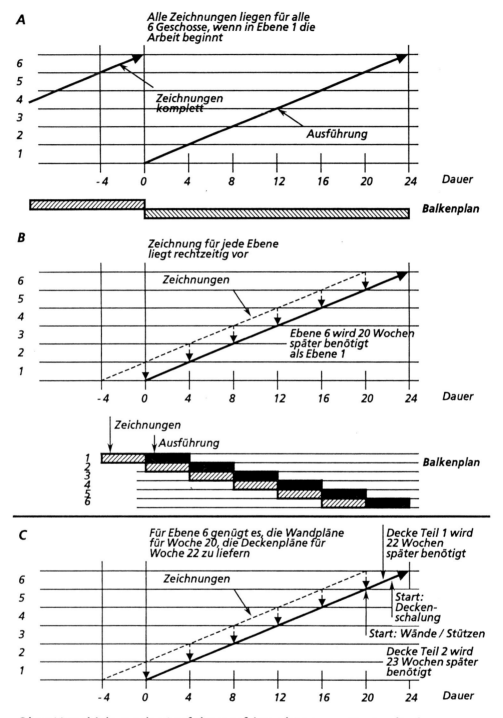

A

Alle Zeichnungen liegen für alle
6 Geschosse, wenn in Ebene 1 die
Arbeit beginnt

Zeichnungen
komplett

Ausführung

Dauer

Balkenplan

B

Zeichnung für jede Ebene
liegt rechtzeitig vor

Zeichnungen

Ebene 6 wird 20 Wochen
später benötigt
als Ebene 1

Dauer

Zeichnungen

Ausführung

Balkenplan

C

Für Ebene 6 genügt es, die Wandpläne
für Woche 20, die Deckenpläne für
Woche 22 zu liefern

Decke Teil 1 wird
22 Wochen
später benötigt

Zeichnungen

Start:
Decken-
schalung

Start: Wände / Stützen

Decke Teil 2 wird
23 Wochen später
benötigt

Dauer

*Ohne Verschiebung der Ausführungsfristen können spätest zulässige
Zeichnungslieferungen erheblich verschoben (verzögert) werden.
Dabei wächst aber das RISIKO erheblich.*

Bild 47: Spätest zulässige Zeichnungslieferungsfristen

Voraussetzung ist dabei, daß wir mit zuverlässigen Firmen arbeiten, die zügig und pünktlich ihr Werk beginnen und beenden. Eine weitere Voraussetzung ist natürlich, daß keine äußeren Einflüsse den Ablauf stören: Streik, Lieferschwierigkeiten, Nachbesserungen wegen schlechter Qualität, fehlende Zeichnungen oder Entscheidungen, Änderungen durch Auftraggeber oder Planer, Wasserschäden oder Diebstähle. Wir sehen, wieviel Wert wir auf derartige Einflüsse legen müssen und werden versuchen, diese, wo auch immer auszuschalten.

Man kann derartige Verkürzungen schrittweise organisieren und dabei jedes Modell grafisch darstellen. Dann hat man eine gute Vorstellung der möglichen Abläufe und kann mit den betreffenden Firmen auch alle Risiken durchsprechen. Je mehr überlappt und verkürzt wird, desto größer ist allerdings die Wahrscheinlichkeit der Störung und Verzögerung. Man kann generalisierend feststellen:

Je besser die Qualität der Ausführungszeichnungen und je zuverlässiger die ausführende Firma, desto mehr Überlappung und Bauzeitverkürzung ist möglich!

7.2 Einhaltung des Endtermins durch Überlappen

Amerikanische Planer der fünfziger Jahre waren es gewohnt, sämtliche Planungsunterlagen komplett fertigzustellen und erst anschließend den Auftrag zu erteilen. Erst die inflationären Entwicklungen der sechziger Jahre zwangen sie, auf ein anderes Verfahren auszuweichen, das sie »Fasttrack« nannten. Nun wurde mit der Ausführung schon begonnen, während die Zeichnungen und Planungsüberlegungen noch nicht restlos abgeschlossen waren. Es zeigte sich, daß bei durchdachter Organisation die Zeichnungen erst zu einem viel späteren Zeitpunkt benötigt wurden als früher (Bild 47).

Auch hier soll ein Beispiel zeigen, wie sich Termine verschieben können. In einem sechsgeschossigen Gebäude wird man zuerst einmal alle Bewehrungszeichnungen auf einmal anfordern. Gelingt dies, so verfügt der Bauleiter über ein echtes Zeitpolster. Denn außer den Zeichnungen des Untergeschosses benötigt er am Anfang keinerlei Pläne. Die Zeichnungen des Erdgeschosses werden als nächste gebraucht, diejenigen des 6. Geschosses als letzte (Bild 47 oben).

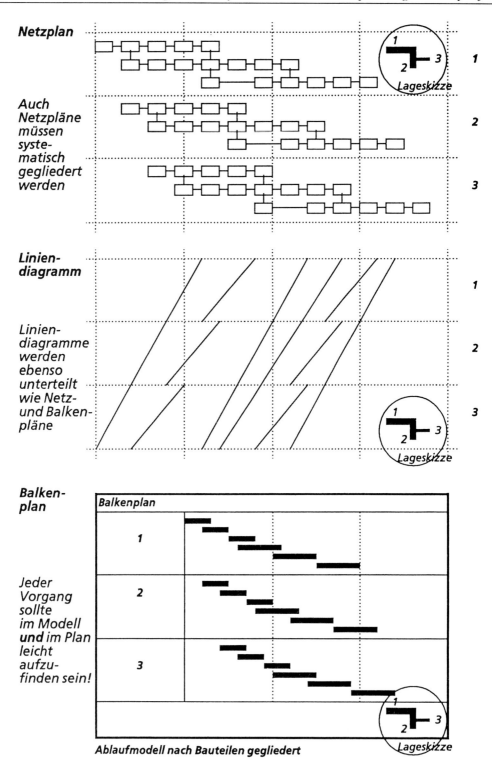

Bild 48: Strukturierung von Terminplänen

Wird jedes Geschoß in vier Wochen fertig-gestellt, dann werden alle vier Wochen wieder neue Zeichnungen benötigt, vor-ausgesetzt, daß diese sich von den anderen Geschossen unterscheiden. Die Aus-führungszeichnungen der obersten Ebene müssen dann spätestens (5 x 4 =) 20 Wochen nach dem Beginn der Arbeiten auf der untersten Ebene vorliegen.

Aber selbst wenn dies nicht der Fall ist, können wir nochmals überlappen und damit die Zeichnungslieferung verzögern, ohne den Endtermin zu gefährden. Bei-spielsweise werden zuerst die Stützen und Wände geschalt und betoniert. Nehmen wir einmal an, daß dafür zwei Wochen benötigt werden, so können weitere zwei Wochen Verspätung in Kauf genommen werden, bevor die Ausführungsunterlagen der Decke tatsächlich auf der Baustelle benötigt werden.

Bei räumlich ausgedehnten Bauten ist auch dies noch nicht die letzte Reserve. Stellen wir uns einmal vor, daß ein Gebäu-de 100 m lang ist! Dann wird die Decke durch eine Dehnungsfuge mittig getrennt.

Diese Fuge ist auch der Arbeitsabschnitt, an dem die Betonierungsarbeiten unter-brochen werden. Wenn in der ersten Woche der eine, in der folgenden Woche der andere Abschnitt betoniert wird, kann noch eine weitere Woche gewartet wer-den, bis das Fehlen der Ausführungszeich-nungen für den zweiten Teil zu einer Ver-schiebung des Gesamttermins führt.

Für den letzten Teil der obersten Decke sind damit insgesamt (20 + 2 + 1 =) 23 Wochen Reserve vorhanden, ohne daß dabei der ursprünglich geplante Endtermin verschoben werden müßte. So beruhigend derartige Überlegungen auch sein mögen, so riskant ist letzten Endes aber ein der-artiges Vorgehen. Denn nicht nur die ge-nannten äußeren Einflüsse können zu Ter-minüberschreitungen führen. Auch be-triebsinterne Risiken (Krankheit, Unfall, Kündigung) müssen bedacht werden. Immerhin zeigt unser Beispiel, wie zu Projektbeginn Sicherheiten eingebaut wer-den können, die eine Zeitreserve bereit-stellen (Bild 47).

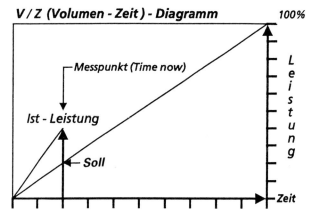

Bild 49: *Lineare Fortschrittskontrolle*

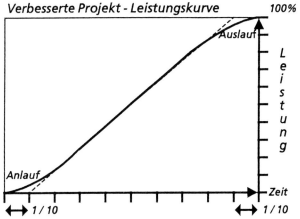

Bild 50: *S-Kurve mit Anlauf- und Auslaufperiode*

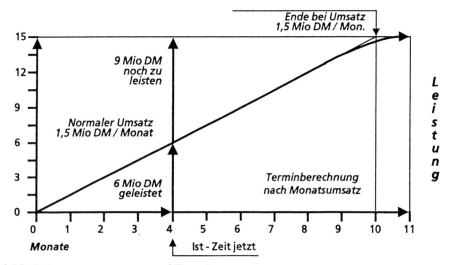

Bild 51: *Leistungsmessung und Terminprognose*

8   Fortschrittskontrolle

Für viele Planer ist Fortschrittskontrolle ein Instrument der Überprüfung, sei es der fremden wie auch der eigenen Arbeit. Denn nur durch Reflexion der tatsächlichen Leistung im Verhältnis zur erhofften vermag man sich ein Urteil über das Erreichte zu verschaffen (Bild 49).

Tatsächlich ist Fortschrittskontrolle aber viel mehr, etwa im Sinne des englischen Wortes »Control« (Steuerung, Regelung). Es enthält nicht nur überprüfende, passive Bestandteile, sondern auch steuernde, korrigierende, aktive Komponenten.

Wer hinreichend Erfahrung als Terminplaner hat, der weiß, daß der einmal erstellte Ablauf nur als Annäherung betrachtet werden kann. Die Realität eilt diesem Konzept immer wieder voraus. Nur durch ständige, aufmerksame Beobachtung der Realität gelingt es, das Modell diesem Vorbild anzupassen. Kontrolle ist damit die wichtigste Voraussetzung, sich dem wirklichen Status anzunähern.

Nur wer diesen Angelpunkt findet, wird brauchbare Prognosen entwickeln und damit die richtigen Empfehlungen zur Korrektur der entstandenen Abweichungen geben können (Bild 55).

Damit ist Fortschrittskontrolle die wichtigste Arbeit im Projekt insofern, als erst sie den realistischen Ablaufplan erzeugt, also das entscheidende Instrument zur Steuerung des Projektes hin bis zur Zielerreichung. Und dies gelingt nicht auf Anhieb, sondern in einem langwierigen schrittweisen Prozeß. Man weiß erst nach mühevoller, intensiver Anstrengung:

Es kommt weniger auf das Überwachen der Arbeit Dritter an, als vielmehr auf das Erkennen der Wirklichkeit des Projektes (Bild 51)!

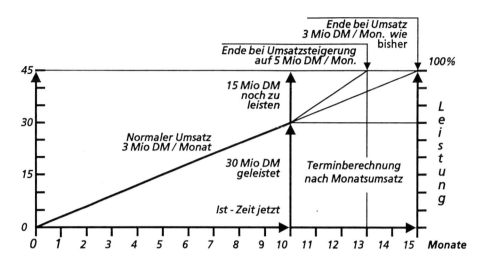

Bild 52: Monatsumsatz als Prognoseinstrument der Restdauer

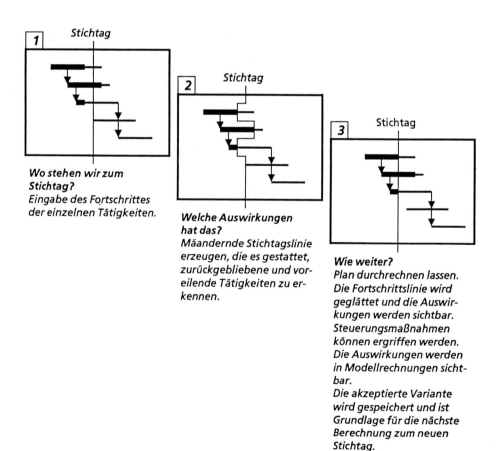

Bild 53: Stufen der Balkenplanfortschreibung mittels EDV

8.1 Instrumente der Fortschrittsmessung

Es gibt viele Wege, sich einen Überblick zu verschaffen. Viele Kollegen haken die Tätigkeitslisten der Netzplanausdrucke ab, um sich zu orientieren. Andere markieren auf dem Balkenplan die positiven und negativen Abweichungen von der SOLL-Linie. Die Erfahrungen der Autoren gehen in eine andere Richtung. Es kommt nicht darauf an, von wirklich jedem Vorgang zu wissen, wo er steht. Vielmehr genügt es, sich die wesentlichen Aktivitäten herauszusuchen, die im jeweiligen Stadium des Projektes kritisch und tonangebend sind. Das soll an einem Beispiel dargestellt werden (Bild 54):

Für eine Halle von 60 x 80 m Größe sollen im Raster von 7,20 m Ortbetonfundamente betoniert werden. Diese nehmen später Fertigteilstützen auf, diese wiederum Unterzüge, welche die Dachkonstruktion tragen. Der Auftragnehmer nennt für die Herstellung dieser Fundamente (90 Stück) insgesamt sechs Wochen, also bei 30 Arbeitstagen eine Tagesleistung von drei Fundamenten.

Nun betrachten wir die Ausführung des Einzelfundamentes! Zuerst wird Erdaushub erforderlich, und zwar für den Bodenaustausch. Dann wird Beton B 15 in die Grube gefüllt, und zwar unmittelbar nach dem Aushub. Nun wird der Fundamentfuß geschalt, bewehrt und betoniert.

Es folgt der Fundamentköcher, bestehend aus einem Blechkasten als innerer und Holz als äußerer Schalung, Bewehrung und dem Restbeton. Diese Tätigkeiten gliedern wir in folgende Vorgänge:

1. Bodenaustausch und Beton
2. Fundamentfuß betonieren
3. Fundamentköcher betonieren.

Da nach sechs Wochen die komplette Leistung erbracht sein muß, rechnen wir überschlägig zurück:

– zwei Tage für den Fundamentköcher
– zwei Tage für die Fundamentbasis
– ein Tag für den Bodenaustausch.

Der Bodenaustausch muß demnach schon nach fünf Wochen beendet sein, so daß täglich 90 : 25 = 3,6 Fundamente als Bodenaustausch fertig werden müssen, in der Woche also 18 Stück. Mit einer Verzögerung von jeweils zwei Tagen gilt dies auch für die folgenden Fundamentteile. Nun können wir im Geschwindigkeitsdiagramm entsprechende Leitlinien ziehen, an denen sich die Leistung orientieren kann (Bild 54).

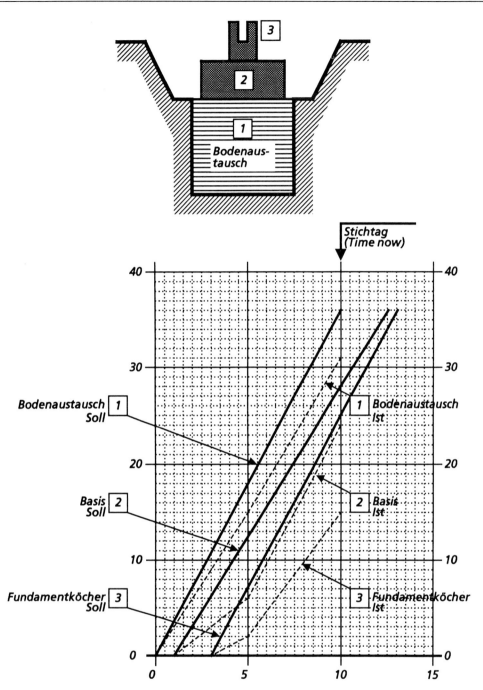

Tägliche Vorgabe: 3,6 Bodenaustausche (Soll)
Kontrolle: 3,1 Bodenaustausche (Ist)

läßt sich grafisch gut darstellen!

Bild 54: Grafische Fortschrittskontrolle

8.2 Das Ergebnis nach der ersten Woche

Am Wochenende der ersten Arbeitswoche sind 15 Bodenaustausche fertig, dazu sechs Fundamentbasen und zwei Fundamentköcher. Nach zwei Wochen sind es 31 Bodenaustausche, 24 Fundamentbasen und 15 Fundamentköcher. Ein Vergleich mit den SOLL-Werten ergibt (Bild 54):

36 statt 31 Bodenaustausche	=	−	5
28 statt 24 Fundamentbasen	=	−	4
25 statt 15 Fundamentköcher	=	−	10

Die Baustelle hat in zehn Arbeitstagen nur 15 Fundamente produziert. Sie muß in den restlichen 20 Arbeitstagen noch 75 Fundamente fertigstellen, also 3,75 täglich. Ihre IST-Leistung betrug aber nur gut zwei Fundamente täglich. Wird diese Leistung nicht gesteigert, wird es nicht 20, sondern 37 Arbeitstage dauern, bis alle Fundamente betoniert sind.

Wir kennen damit den voraussichtlichen Fertigstellungstermin (nur in den seltensten Fällen kann die Baustelle ihre Leistung verdoppeln!). Wir können der Baufirma präzise sagen, wieviel Verzögerung bereits entstanden ist. Bereits am Ende der ersten Woche ist klar, daß die Leistung nicht erreicht wird. Anstelle von drei Fundamenten sind gerade zwei komplett fertig. In der folgenden Woche werden in fünf Tagen weitere 13 fertig, also täglich 2,6 anstelle der geplanten 3,6.

Von nun konzentriert sich die tägliche Kontrolle nur noch auf die Anzahl der fertigen Fundamentköcher. Wir sehen: Die Tagesleistung steht im Vordergrund. Sie kann täglich gemessen werden, und zwar anhand einer einfachen, auch für den Polier und seine Mitarbeiter leicht nachvollziehbaren Rechnung.

Darauf kommt es bei der Projektkontrolle an! Man braucht leicht nachprüfbare Werte. Man muß die Gesamtmenge dieser Leitmenge kennen, um sie durch die geplante Gesamtdauer teilen zu können. Stückzahlen lassen sich besonders leicht ermitteln und vergleichen. Daher sollten wir uns in allen Fällen an folgende These halten:

Möglichst eine Leitmenge festlegen und diese in Stück messen!

8.3 Andere Kontrollprozeduren

Projektkontrolle kann aber auch in anderen Meßgrößen durchgeführt werden. Bei Großbaustellen geht man auf Unternehmerseite gern vom Monatsumsatz aus. Auch hier ergeben sich einfache Rechnungen: *Der Monatsumsatz.*

Sind noch 15 Millionen Restbausumme zu leisten und monatlich bisher 3 Mio. DM erzielt worden, so wird es noch mindestens fünf Monate (plus Auslaufzeit) dauern, bis das Projekt abgeschlossen werden kann (Bild 52).

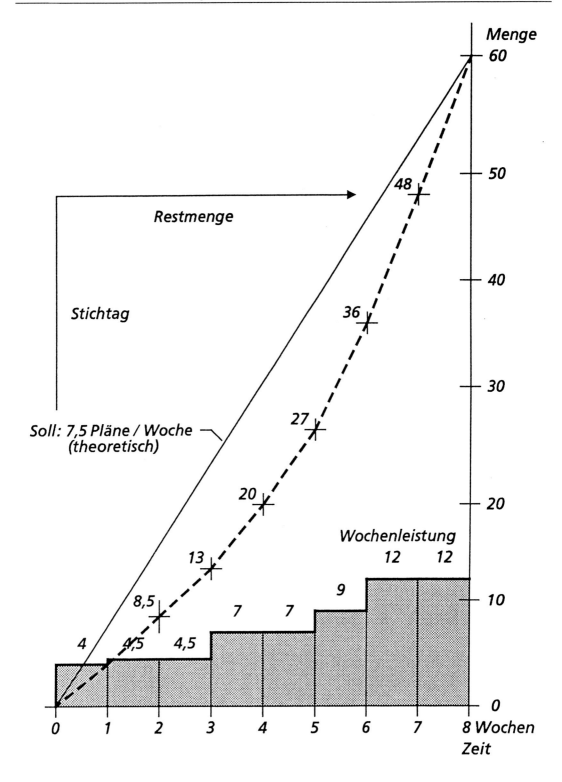

Bild 55: Allmähliche Leistungssteigerung

Möglichst kurze Dauern

Eine immer anwendbare, sehr empfehlenswerte Methode besteht darin, die Vorgänge so kurz anzusetzen, daß diese höchstens eine Woche (ausnahmsweise auch zwei Wochen) dauern. Dann brauchen Vorgänge bei der Kontrolle nicht gesplittet zu werden, sondern können als Ganzes gemessen werden.

Beim bearbeiteten Beispiel könnte man z. B. für jedes Fundament einen eigenen Vorgang definieren. Anstelle eines Vorgangs »Fundamente« treten dann 90 Fundamente, numeriert von 1 bis 90. Alternativ könnte man auch Fundamentreihen zu je neun Fundamenten zu jeweils einem Vorgang zusammenfassen.

Bild 55 zeigt eine typische Situation aus der Baupraxis. Anstelle der 7,5 Pläne/Woche werden anfangs nur vier bzw. 4,5 Pläne fertiggestellt. Durch kontinuierliche Steigerung der Wochenleistung über sieben und neun auf zwölf Zeichnungen pro Woche gelingt es, trotzdem in der geplanten Soll-Zeit von acht Wochen insgesamt 60 Zeichnungen fertigzustellen. Dieses Beispiel ist realistischer als eine abrupte Steigerung der Wochenleistung von z. B. 4,5 auf zehn Zeichnungen/Woche.

Prozentzahlen

In der Praxis gern angewendet wird ein Verfahren, das die einzelnen Vorgänge zum Stichtag prozentual bewertet. Pro Monat oder pro Woche werden dann die errechneten Vorgangsprozente aufaddiert und zu einer Gesamtprozentzahl zusammengefaßt. Es ergibt sich dann eine einzige Zahl, mit der der Fortschritt des Gesamtprojektes bewertet wird. Sollen beispielsweise innerhalb des laufenden Jahres 48 % des Projektes fertig werden, würde das im Mittel 4 % monatlich bedeuten. Man könnte bereits im März erkennen, ob 12 % erreicht oder sogar überschritten wurden.

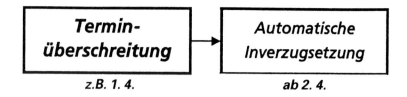

Bild 56: Strafe bei Vertragsverletzung

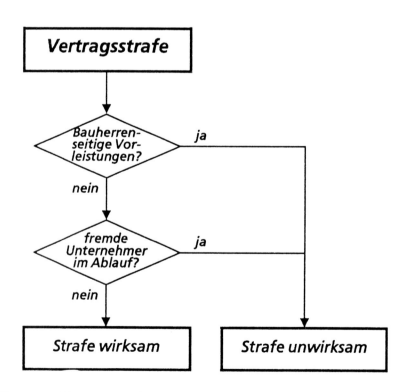

Bild 57: Wann eine Vertragsstrafe wirksam wird

9 Termine im juristischen Verständnis

§ 5 im Teil B der VOB regelt Terminplanungsfragen, speziell die Ausführungsfristen.

> *»Eine Frist ist im Sinne der Rechtsprechung (BGB) ein festgelegter Zeitraum, innerhalb dessen eine (Rechts-) Handlung vorzunehmen ist. Für die Fristenberechnung stellt das BGB eine Anzahl von Auslegungsregeln auf, die für alle Gesetze, ... und Rechtsgeschäfte gelten«* (dtv-Lexikon, Band 7).

Auf dieser Grundlage sehen Juristen auch die Ausführung einer vertraglich zugesicherten Leistung, wie dies ein Bauvertrag ist. Diese Leistung hat innerhalb einer bestimmten (angemessenen) Frist zu beginnen und auch in einer bestimmten (angemessenen) Frist beendet zu werden. Für die Juristen genügt es mithin, wenn eine Arbeit rechtzeitig nach Auftragserteilung begonnen und in der vertraglich vereinbarten Frist beendet wird.

Nach diesem Verständnis braucht der Architekt nur einen Beginn- und Endtermin zu vereinbaren. Eventuell kann er den Anbieter fragen, innerhalb welcher Frist er den Auftrag abzuwickeln gedenkt. Entspricht das Angebot den Vorstellungen des Architekten, so wird dieser die Gesamtdauer (Frist) im Vertrag verankern, womöglich noch durch eine Pönale sichern. In der Praxis erlebt man unter diesen Voraussetzungen häufig, daß bei verzögertem Beginn der Auftragnehmer zusichert, den festgelegten Endtermin (Vertragstermin) halten zu wollen. Auch der Architekt verwendet diese Formulierung, um dem Bauherrn beruhigend zu versichern, daß sich die Fertigstellung dadurch nicht verzögern werde (Bild 61).

Die dargestellte Situation kann im Bauwesen nur unter zwei Bedingungen funktionieren und deshalb auch zugelassen werden:

1. Wenn es sich um einen Generalunternehmervertrag handelt.

2. Wenn es keine unmittelbaren Verknüpfungen während der Ausführung mit anderen Firmen gibt und der Nachfolger erst nach Abschluß aller Arbeiten auf der Baustelle beginnt (Bild 59).

Sobald sich der letzte aber überlappend in die Leistungen des Vorgängers hineinschiebt, kann das System nicht mehr stimmen (Bild 61).

Noch schlimmer aber wird es, wenn während der Ausführung an verschiedenen Stellen dritte Auftragnehmer Leistungen zu erbringen haben. Beispielsweise müssen bei Aufzügen die Maschinenräume während der Montage von anderen Handwerkern betreten werden (Schließen von Durchbrüchen, Einsetzen von Jalousien, Montieren von Türzargen, Herstellen von Estrichen und Anstrichen).

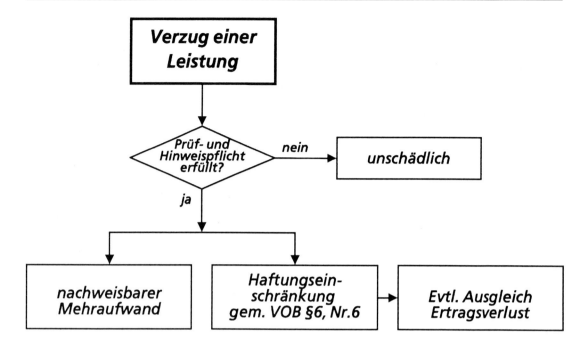

Bild 58: Verzug einer Leistung

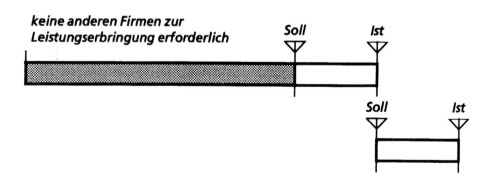

Bild 59: Eindeutige Verantwortung bei Leistungsverzug

Für alle diese Leistungen ist ein bestimmter Leistungsstand Voraussetzung. Wird der Beginn der Leistung verzögert, so ändern sich auch die Zwischentermine. Diese Verknüpfung von Gewerken, die bei modernen Systemen immer enger und komplexer wird, wird vom BGB und der simplen Fristenregelung nicht berücksichtigt.

Nur systematische technische und terminliche Koordination kann hier Abhilfe schaffen.

Nun fordern viele Architekten vom Anbieter schon mit dem Angebot einen Bauzeitenplan. Dieser wird Vertragsbestandteil, spätestens nach seiner Überarbeitung, z. B. vier Wochen nach Auftragsannahme. Nur wenn es gelingt, in diesem Plan alle wesentlichen *Schnittstellen zu anderen Gewerken* zu definieren und diese Zeitpunkte als Vertragsfristen ausdrücklich mit allen Beteiligten vereinbart worden sind, besteht hinreichend Hoffnung auf fristgerechtes Arbeiten.

Man sollte sich aber darüber im klaren sein, daß der Auftragnehmer jede, aber auch jede Ausrede vorbringen wird, um aus einer derartig straffen, folgenreichen Verpflichtung entlassen zu werden. Derart konsequente Festlegungen haben nur dann Sinn, wenn die möglichen Risiken der Baudurchführung intensiv durchleuchtet und die erforderlichen Konsequenzen daraus gezogen worden sind. Mit anderen Worten: Ohne gründliche Vorbereitung und sorgfältige Planung alternativer Abläufe kann auch die schärfste juristische

Formulierung nicht alle Risiken ausschalten. Im Gegenteil: Viele Kollegen glauben, wegen entsprechender juristischer Verklausulierungen sich eine detaillierte Vorbereitungsarbeit ersparen zu können.

Was ist von Vertragsterminen zu halten? Juristen belehren uns, daß nicht etwa Fristen vereinbart werden können, z. B. nach dem Motto: »Ganz gleich, wann die Maurer fertig sind. Die Putzer müssen zwei Wochen später die Baustelle räumen.« Vielmehr sind nur Vereinbarungen folgender beider Texte verbindlich: »Die Maurer beenden ihre Arbeit am 27. Februar. Am 3. März beginnen die Putzer ihre Arbeit und schließen diese am 16. März ab« oder »Start am 27. Februar, Ende nach 17 Werktagen (evtl. auch elf Arbeitstage« [Bild 56]).

Sowohl Kalenderdaten als auch Vorgangsdauern (z. B. in Arbeits- oder Werktagen) können als Vertragstermine vereinbart werden. Während aber die Überschreitung eines Vertragstermines sofort zum Verzug führt, muß im zweiten Fall der Auftragnehmer noch einmal schriftlich in Verzug gesetzt werden, meist unter Setzung einer Nachfrist. Es bedarf keiner großen Fantasie, um sich vorzustellen, daß die Mehrzahl aller juristisch korrekt vereinbarten Vertragstermine wegen Verzögerungen von dritter Seite nicht gehalten werden können und damit wirkungslos sind. Ähnlich verhält es sich mit Vertragsstrafen.

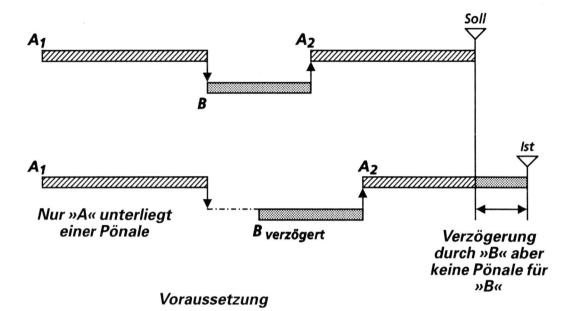

Voraussetzung

**Firma »A« muß Zwischenergebnisse anderer Firmen (»B«)
bei der Leistungserbringung berücksichtigen**

Bild 60: Keine Pönale im Sonderfall

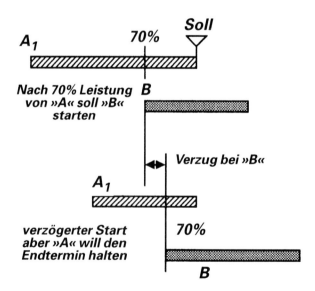

**Die übliche Ausrede »Wir haben später begonnen, werden aber rechtzeitig fertig«
ist nicht akzeptabel, wenn zwischendurch Firma »B« starten soll und von »A« abhängig ist.**

Bild 61: Trotz Startverzug den Endtermin einhalten?

Vertragsstrafen in der Baupraxis

Nur unerfahrene Bauherren und Kollegen werden sich von Konventionalstrafen eine wesentliche Minderung ihres Ausführungs- und Terminrisikos versprechen. Ähnlich wie bei den Vertragsfristen sieht die Realität wesentlich nüchterner und enttäuschender aus. Auch hier gilt, daß nur von anderen Gewerken völlig unbeeinflußte Leistungen einer Pönale unterworfen werden sollten. Sämtliche Planer sollten für den betreffenden Leistungsbereich ihre Arbeitsergebnisse vorlegen können, und zwar fehlerfrei und total koordiniert.

Mit diesen Forderungen schränkt sich der Kreis erfolgreich einzuklagender Vertragsstrafen erheblich ein.

Denn auch wenn keine anderen Handwerker behindern, können immer noch Zeichnungen der Planer fehlen oder verspätet vorgelegt und freigegeben worden sein. Dann geht der Schuß nach hinten los und belastet den Architekten, anstatt ihn zu entlasten (Bild 57).

Ähnlich wie beim Setzen von Vertragsfristen muß man davor warnen, ohne hinreichend sorgfältige Vorplanung das Heil der Termineinhaltung allein von der Präzision juristischer Formulierungen abhängig machen zu wollen. Eine systematische, lückenlos vorangetriebene technische Koordination ist eine wesentlich bessere Garantie für die Termineinhaltung, als noch so ausgeklügelte vertragliche Vereinbarungen (siehe Kapitel 17).

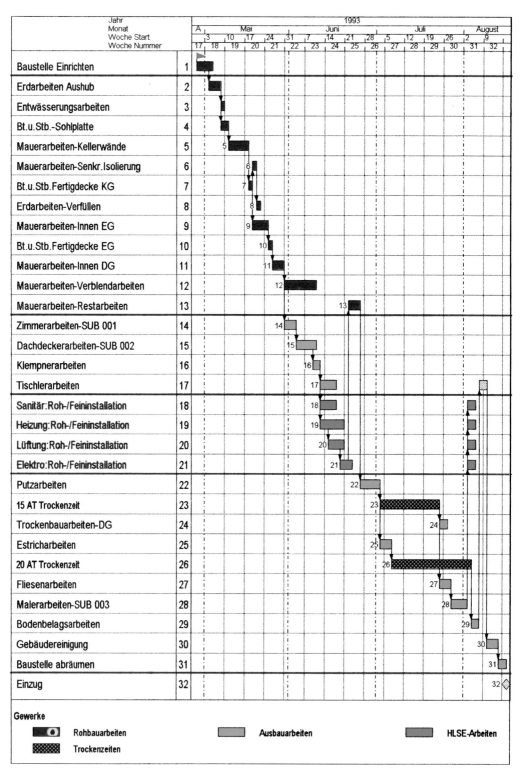

Bild 62: Gewerkeorientierter Balkenplan

10   Gewerke- und nutzungsbezogene Terminpläne

Anhand zweier Beispiele soll die Bedeutung von Gliederungsfragen deutlich gemacht werden. Man betrachte als erstes Beispiel den heute allgemein üblichen Ablaufplan: sämtliche Gewerke sind berücksichtigt, und zwar in der Darstellung als Balkenplan. Die Länge der Balken richtet sich nach der berechneten, wahrscheinlichen Dauer. Der allgemeine Trend geht von links oben nach rechts unten. Derartige Balkenterminpläne sind die übliche Information der Anbieter, wenn sie bei Abgabe eines Angebotes gehalten sind, zusätzlich einen Zeitplan abzuliefern.

In diesem Plan wird nichts darüber ausgesagt, wo die Baustelle beginnt, in welcher Reihenfolge die einzelnen Bereiche abgearbeitet werden und inwieweit sich die Folge der Gewerke auf die einzelnen Bereiche übertragen läßt. Mit einem Wort: Dieser Plan ist zu grob und nicht aussagefähig genug. Er wird sich in dieser Form niemals realisieren, geschweige denn im SOLL-IST-Vergleich verfolgen lassen (Bild 62).

Wie anders dagegen der zweite Plan! Er ist durch eine tiefere Gliederung gekennzeichnet, bei der man sofort die unterschiedlichen Bereiche erkennt. Diese sind räumlich voneinander abgesetzt. Die Überschriften nennen jeden dieser Bereiche: die Treppenhäuser, die Toiletten und sonstige Feuchträume, Bürobereiche, eine große Zentralhalle und die Zentralen der Klimaanlagen. Jeder Bereich läßt sich schnell finden und damit identifizieren (Bild 63).

Für jeden Bereich sind dann in der Reihenfolge des Ausbaues die jeweiligen Gewerke genannt. Zwar gibt es immer wieder gleichartige Abläufe. Aber diese sind niemals absolut identisch.

In den Treppenhäusern spielen die Geländer aus Metall und Glas eine Rolle, in den Feuchträumen die Bodenisolierung und die Fliesen, dazu die sanitären Anlagen. In den Klimazentralen müssen vorrangig Technikgewerke erledigt werden, in den Büros Doppelböden, abgehängte Decken und versetzbare Trennwände. Wir sehen, daß die Abläufe verschieden und damit nicht vergleichbar sind. Die Konsequenz daraus ist, daß zuerst eine tiefere Gliederung der Abläufe untersucht werden sollte. Falls wirklich eine Gewerketerminierung genügt, läßt sich diese leicht aus den gegliederten Einzelplänen aggregieren. Denn anhand der sorgfältigen Gliederung kann man sich leicht Klarheit über wichtige Parameter verschaffen:

1. den Startpunkt der Arbeiten,
2. die Gliederung in Teilbereiche,
3. die Arbeitsrichtung, den Fluß der Ausführung,
4. die Geschwindigkeit, mit der die Bereiche bearbeitet werden,
5. die Gesamtdauer des Ausbaues in jedem Bereich.

Erst anhand dieser Entscheidungen kann man beanspruchen, den Ablauf geplant zu haben. Der Planer kann beweisen, daß er sich Gedanken um die Ausführung gemacht hat.

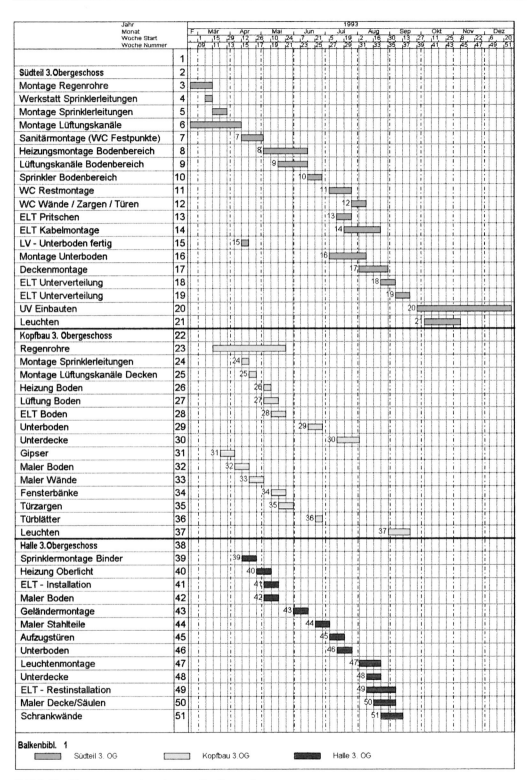

Bild 63: Nutzungsorientierter Balkenplan

Der nutzungsbezogene Ablaufplan gliedert sich, wie der Name erkennen läßt, nach den jeweiligen Nutzungen, also dem Verwendungszweck der einzelnen Räume im Objekt. Bild 63 weist für das dritte Obergeschoß einen Südteil, einen Kopfbau sowie eine Halle aus. Dazu gehört ein kleiner Übersichtsplan, wie er bei Großbauten regelmäßig auf jede Ausführungszeichnung gesetzt werden sollte, um die Orientierung zu erleichtern und die Einarbeitungszeit des Betrachters zu verkürzen.

Innerhalb jedes räumlichen Bereiches werden die Vorgänge in derjenigen Reihenfolge dargestellt, in der diese auf der Baustelle abgearbeitet werden sollen. Das schließt ein, daß sie nach dem frühest möglichen Anfang sortiert sind. Interessant ist aber ausschließlich die Montagefolge (Sequence of Work) weil mit ihrer Hilfe auch die ausführenden Handwerker und Firmen rechtzeitig auf die Baustelle geschickt werden können.

Auch für den Mitarbeiter, der nicht ständig auf der Baustelle anwesend ist oder diese regelmäßig besucht, kann anhand dieser Grundsätze der Status des Projektes schnell ermittelt werden. Er braucht innerhalb der Arbeitsfolge nur zu prüfen, welche Handwerksgruppe im betreffenden Bereich tätig ist. Im Vergleich mit der Sollvorgabe ist dann einfach und schnell nachzuweisen, ob die Arbeiten im Soll, verzögert oder vorzeitig sind.

Jeder Ablaufplan sollte zumindest in der Ausführungsphase (HOAI § 15,8) in der dargestellten Art und Detaillierung strukturiert werden. Es ist leicht einzusehen, daß gröbere Gliederungen, etwa nach Gewerken oder anderen Kriterien, nicht übersichtlich und praxisnah gegliedert sind. Durch die »gleitende Planung« braucht diese Arbeit nicht aufwendiger und damit teurer werden als normale Ablaufplanung. Darüber wird im Kapitel 15 ausführlicher berichtet. Wenn immer nur die unmittelbar bevorstehenden Vorgänge detailliert werden, ist der Gesamtaufwand kaum höher als bei der allgemein angewandten Methode der Ablaufplanung.

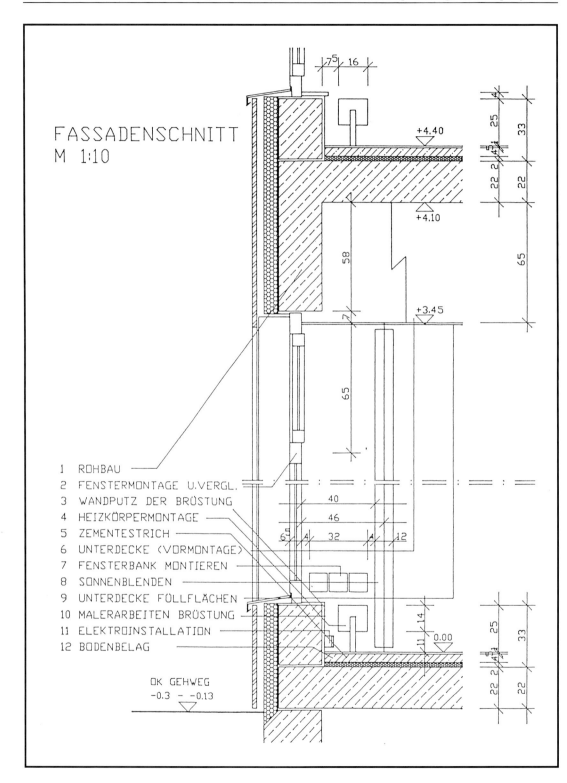

Bild 64: Fassadenschnitt M = 1 : 10

11 Zeichnungsanalyse als Arbeitshilfe

Jeder Ablaufplaner steht vor dem Problem, einen möglichst realistischen, übersichtlichen und brauchbaren Ablaufplan aufzustellen. Er wird deshalb versuchen, sich Informationen über die Abläufe im Projekt zu verschaffen um auf dieser Grundlage dann eine Vorgangsliste zu planen.

In frühen Phasen, wenn noch wenig Informationen vorliegen, kann Berufserfahrung bei der Aufzählung der verschiedenen Leistungsbereiche oder Gewerke nützlich sein. Dies ist in der Reihenfolge zu tun, die im Bauwesen zur Zeit üblich ist. Es entsteht dann ein »gewerkeorientierter« Ablaufplan.

In Kapitel 10 wurde gezeigt, daß derartige Grobmodelle sich nur als erste Information eignen, niemals aber den tatsächlichen Ansprüchen an einen detaillierten, realistischen Ablaufplan genügen können. Das vermögen nur Abläufe, die sich nach den wesentlichen Parametern eines jeden Ablaufplanes richten: der Lokalgliederung und den dort vorhandenen Nutzungen. In Kapitel 2 sind die Vorzüge der Nutzungsgliederung bereits ausführlich dargestellt worden:

- Ausstattung wird bereits im Raumprogramm vorgegeben,
- daher frühe Festlegungen möglich,
- weitgehende Anpassung an die spätere Ausführung,
- daher realistisch und anwendungsfreundlich,
- enger Zusammenhang zur »gleitenden Planung«,
- daher arbeitssparend und effizient.

Wie kann man eine derartig realistische Ablaufkette organisieren?

Je detaillierter die Ausführungszeichnungen sind, desto einfacher läßt sich auch die Reihenfolge der Vorgänge festlegen. Es genügt dann, die Zeichnung in ihre einzelnen Arbeitsvorgänge zu zerlegen und sich vorzustellen, in welcher Reihenfolge die Arbeiten nacheinander ausgeführt werden.

Am einfachsten gelingt dies bei Schnittzeichnungen im großen Maßstab: 1 : 20, 1 : 10 oder gar noch größer. Beispielsweise ist in Bild 64 erkennbar, daß zuerst der Rohbau fertiggestellt sein muß: Mauerwerk, Unterzüge und Stahlbetondecken. Wahrscheinlich werden als nächstes die Metallfenster eingesetzt, weil sowohl von außen als auch von innen die Nachfolger an die Fenster anschließen müssen.

Nun können zwei Ablaufstränge unabhängig voneinander organisiert werden, der äußere und der innere. Außen wird die Wärmedämmung aufgebracht, die Natursteinfassade montiert und abschließend um die Fensteröffnungen die Umrahmung montiert (Fensterbänke, Sturz, Leibungen), welche die Lücke zwischen Fensterrahmen und der Natursteinverkleidung schließen. Da dies alles von einer einzigen Firma ausgeführt wird, soll dieser Ablauf nicht weiter diskutiert werden.

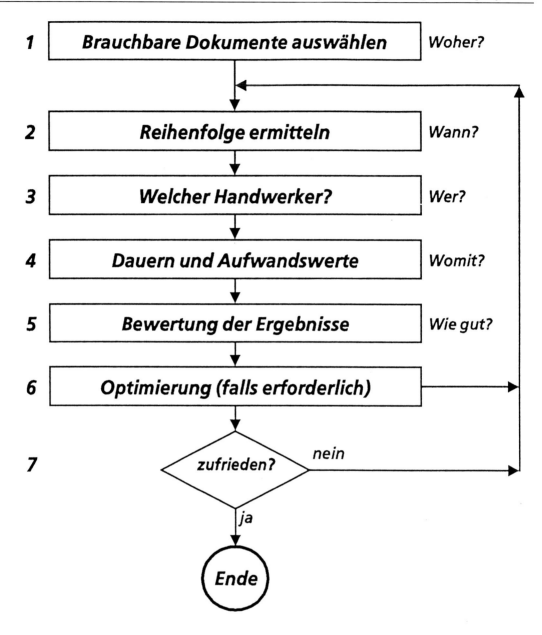

Bild 65: Zeichnungsanalyse – Grundlage der Ablaufplanung

Anders dagegen der Innenausbau! Hier werden zahlreiche Firmen und Handwerker nacheinander arbeiten, wobei stets der Nachfolger auf den Arbeiten des Vorgängers aufbaut. Nachdem die Installationen vormontiert wurden (Heizungsrohre und Leerrohre der Elektroinstallation), muß zuerst der Wandputz der Brüstung, der inneren Fensterleibung und der Wände aufgebracht werden, weil einige dieser Flächen nach der Heizkörpermontage nicht mehr zugänglich sind.

Dann wären die Bodendurchbrüche der Installationszuleitungen (soweit vorhanden) zu schließen. Es folgen die Trittschalldämmung und der zugehörige Estrich. Dieser Estrich muß austrocknen, bevor er begangen werden kann und später den Oberboden erhält (Bild 64).

In der Zwischenzeit können Deckenarbeiten ausgeführt werden. Hier ist vorab die Unterdecke des späteren Systems zu montieren. Darauf werden Kabel verlegt und die Deckenstrahler montiert. Es folgen schallschluckende Materialien. Weil zweckmäßigerweise alle diese Leistungen von einer einzigen Firma ausgeführt werden, können alle genannten Vorgänge zu einem einzigen Vorgang »Unterdecke« (Nr. 6) zusammengefaßt werden.

Als Vorgang 7 folgt die Fensterbank, die aus mehreren Edelholzbalken besteht, die auf ein Tragegestell geschraubt werden. Vorgang 8 ist die senkrechte Stoff-Lamellenwand, die raumhoch das gesamte Fenster gegen Sonnenschein abschotten kann (Vorgang 8).

Nun verlegen die Monteure die Füllplatten der Unterdecke in die bereits montierte Rahmenkonstruktion (Vorgang 9), nachdem die Lampen und sonstigen Leuchten an das Kabelsystem angeschlossen wurden. Ob die Maler nun alle Wandflächen behandeln können (Tapete, Anstrich) hängt nicht zuletzt davon ab, ob der Wandbereich hinter der Heizung jetzt noch zu erreichen ist, oder weil nicht sichtbar, überhaupt nicht behandelt zu werden braucht (Vorgang 10). Es schließt sich die Feinmontage der Elektroinstallation an (Steckdosen, Schalter) als Vorgang 11 und die Verlegung des Bodenbelages, einschließlich der Wandanschlüsse, z. B. Fußleisten (Vorgang 12).

Selbstverständlich sind auch andere Folgen möglich. Das sollte im Gespräch zwischen Entwurfsarchitekt und Bauleiter geklärt werden, im Ausnahmefall auch unter Hinzuziehung von Firmen, wenn es um Spezialarbeiten geht. Senkrechte Schnitte sind eine gute Grundlage für die Diskussion und Ermittlung der Montagefolgen. Insofern sollte der Ablaufplaner so früh wie möglich Skizzen derartiger Schnitte anfordern oder selber erarbeiten und zur Diskussion stellen.

Wer die tatsächliche Montagefolge mit den ausführenden Firmen erarbeitet, kann sich später auf der Baustelle die Arbeitsdisposition und Fortschrittskontrolle erheblich erleichtern. Ein Vorgang nach dem anderen wird abgearbeitet und man ist stets im Bilde, wo das Projekt tatsächlich steht.

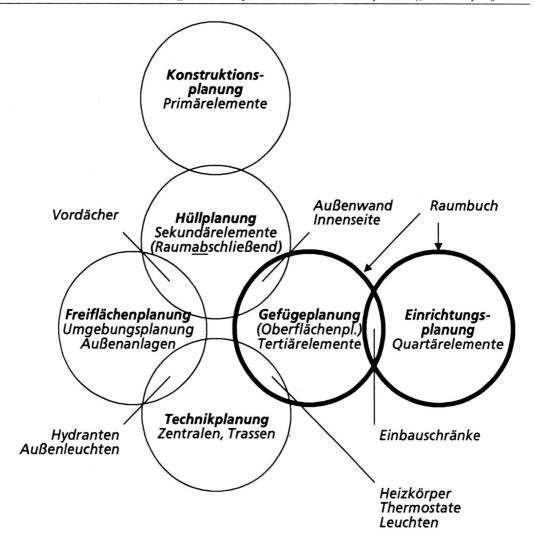

Das Raumbuch enthält Oberflächen und Einrichtungen, nicht jedoch die Haustechniksysteme (Ausnahme siehe Bild) und die Konstruktion.

Bild 66: Gliederung der Planung nach Grobelementen

Unnötig zu sagen, daß frühzeitige Überlegungen zum Bauablauf sich auch auf das Detail auswirken. Wer rechtzeitig die Abläufe bedenkt, kann fertigungsfreundlicher und damit besser konstruieren als derjenige, dem solche Überlegungen suspekt oder unbekannt sind. Auch hier zeigt sich, daß vernetztes Denken am Reißbrett viel Ärger und Mehrkosten auf der Baustelle einsparen kann. Was sich der Entwerfer rechtzeitig überlegt, braucht nicht später improvisiert zu werden (Bild 65).

Zur Optimierung von Abläufen

Wer sich intensiver mit der Zeichnungsanalyse beschäftigt hat, wird ihre Vorzüge zu schätzen wissen. Abläufe sind nun keine riskante Annahme mehr, sondern nachvollziehbare, überprüfbare Teile des Gesamtsystems. Jede Abfolge steht zur Diskussion und kann zu einem beliebigen Zeitpunkt geändert oder verbessert werden.

In Zeiten besonders schnellen und effizienten Bauens kann es schon eine Rolle spielen, ob der Ausbau eines Bürogebäudes 20 oder nur 15 Arbeitstakte umfaßt, ob diese Takte im Zwei- oder Vierwochenrhythmus aufeinander folgen, ob jeder Takt zwei oder drei Wochen pro Geschoß benötigt. Eine fertigungsfreundliche Planung sollte dafür sorgen, daß:

- jeder Handwerker nur einmal am Bau arbeiten muß,
- Teile mit fertigen Oberflächen angeliefert und montiert werden,
- am Bau nur noch geschraubt zu werden braucht (kein Schweißen),
- Trockenbau anstelle der Naßmontage (Putz, Estrich) gewählt wird,
- Fertigteile anstelle baustellenbezogener Fertigung vorgezogen werden.

Im Idealfall findet ein stufenweiser Optimierungsprozeß statt, bei dem der Detailkonstrukteur (Architekt) seine Vorschläge ablauftechnisch bewerten läßt. Der Terminplaner unterbreitet alternative Vorschläge für die Werkstücke und ihre Fügung mit dem Ziel, Transport und Einbau der Teile zu vereinfachen und zu beschleunigen, ohne dadurch Hektik und Unruhe zu verbreiten.

Durch sorgfältig überlegte Ablauforganisation kann sich die Atmosphäre erheblich entspannen, weil weder Material fehlt, noch bestimmte womöglich entscheidende Vorgänge übersehen wurden. So nützt die Zeichnungsanalyse nicht nur dem kontrollierenden Bauleiter und Projektsteuerer, sondern letztlich auch dem Architekten und dem Auftraggeber (Bild 66).

Die HOAI verlangt in § 15 (2)
8. Objektüberwachung, Abs. 5:

– Aufstellen und Überwachen eines Zeitplanes (Balkendiagramm)

Es gibt keine Hinweise auf die Zahl der Vorgänge, auf die Strukturierung hinsichtlich der Lokalität, der Ebenen oder Leistungsbereiche. Die Art und Durchführung der Fortschreibung und die Fortschrittskontrolle bleibt dem Bauleiter überlassen. Anscheinend spielt es keine Rolle, ob man für sein Projekt einen Zeitplan mit 30 oder 300 Vorgängen aufstellt. Es scheint auch zulässig, Zeitpläne in Monaten auszudrücken, während andere Planer dies in Tagen tun.

Mit einem Wort:
Zur Stunde ist es der Willkür und dem Gutdünken jedes Architekten überlassen, wie er seine Terminplanung gestaltet. Es gibt keine anerkannten Regeln für die Art und Weise, wie man seine Zeitplanung betreibt.

Bild 67: Zeitplanung in HOAI § 15, Nr. 8, Abs. 5 (Grundleistung)

Teil B: Terminierung und Organisation des Planungsprozesses

12 Der Architekt und seine eigenen Termine

Gemäß § 15.8 der HOAI hat der Bauleiter einen Terminplan zu erstellen. Dies ist die einzige Stelle in der Honorarordnung, die zwingend einen Terminplan für den Architekten vorschreibt. Dabei sind keinerlei Details geregelt (Bild 67).

Als *Besondere Leistung* wird der Zeitplan nur noch in § 15 (2) 2 (Vorplanung) genannt, zu einem Zeitpunkt also, an dem die eigentliche Planung überhaupt noch nicht begonnen hat.

Somit ist der HOAI völlig fremd, daß der Architekt seine eigene Arbeit im Hinblick auf Termine zu organisieren hat (Bild 70). Sie setzt dies sicher als selbstverständlich voraus, schließt aber eine Offenlegung anscheinend aus. Welche Vor- und Nachteile hätte dies? Der Architekt ließe erkennen, wie sein Beschäftigungsgrad und seine Personalauslastung ist – vielleicht. Sicher aber ließe er erkennen, daß er in der Lage ist, im Rahmen der durch das Honorar gesetzten Grenzen seine Arbeit sinnvoll zu organisieren. Als weiterer Vorteil könnte er damit Einfluß auf die anderen Beteiligten nehmen. Denn erst, wenn auch die Fachplaner ihre Arbeit genauso planen und terminieren wie er, läßt sich eine effiziente und reibungslose Zusammenarbeit verwirklichen.

Die These lautet demnach:

Wer seine eigene Entwurfs- und Büroarbeit terminiert und organisiert, hat ständig Überblick und kann seinen Geschäftserfolg steuern.

Dieser Architekt tut damit nicht etwa dem Bauherrn einen Gefallen. In erster Linie ist er selber der Nutznießer dieser Tätigkeit, weil er seine Risiken vermindert und seine Position erheblich festigt. Wer die Terminplanung beherrscht, ist damit immer im Vorteil vor seinen Mitbewerbern und auch gegenüber den von ihm betreuten Firmen und Handwerkern.

12.1 Der Ausführungsplan

Wir wollen diesen Plan nicht etwa an den Anfang stellen, weil er in der HOAI von jedem Bauleiter und jedem Architekten in der Phase 8 gefordert wird. Er gehört vielmehr deshalb an die erste Stelle, weil er in fast allen Fällen die Grundlage aller weiterführenden Terminüberlegungen ist. Wenn der Beginn der Bauarbeiten bekannt ist, können auch die Vorläufer berechnet werden. Wenn der Rohbau beendet ist, kann der Dachdecker die oberste Ebene abdichten. Und einige Wochen oder Monate früher müssen deshalb die Leistungsverzeichnisse für dieses Gewerk fertiggestellt sein.

Damit kommen wir zur zweiten These:

Alle Terminüberlegungen eines Projektes beginnen bei der Ausführung.

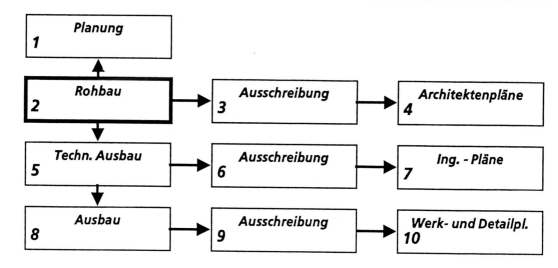

Bild 68: Herleitung der Termine in der Ablaufplanung am Bau
Das Terminkonzept beginnt beim Rohbau und entwickelt sich in
Planung und Ausschreibung entgegen dem späteren Verlauf

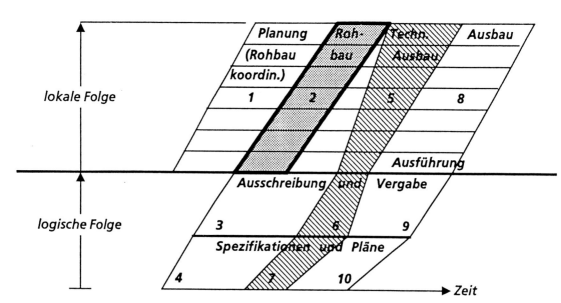

Bild 69: Liniendiagramm der Abläufe im Planungs-, Bauvorbereitungs-
und Ausführungsbereich als Gesamtmodell

12.2 Ausschreibung und Beauftragung

Bild 68 zeigt im oberen Bildteil links die Ausführung, in der Mitte die Ausschreibung und Bauvorbereitung und rechts die Planung. Der Pfeil geht von der Ausführung (Vorgang 2) zu den Ausschreibungen (Vorgang 3), d. h. die Ausführungstermine bestimmen die spätest zulässigen Fertigstellungstermine der Ausschreibungsphase (wie diese in Übung 2 beschrieben sind). Dem Beginn der Ausschreibung voraus geht die gestalterische und konstruktive Klärung der Bauaufgabe, die sich in den Textbeschreibungen und in den Zeichnungen (Vorgang 4) niederschlägt.

Derselbe Sachverhalt des Graphen ist auch im Liniendiagramm der unteren Bildhälfte dargestellt: Wir sehen die Schräglinie des Vorgangs 4 in diejenige des Vorgangs 3 und schließlich in den Vorgang 2 münden. Auf die logische Vorgangskette der Vorgänge 4 und 3 folgt die lokale Abfolge der Ebenen des Rohbaus (Bild 69).

In ähnlicher Weise bestimmen die Beginntermine des Technischen Ausbaues (Vorgang 5) die spätesten Fertigstellungstermine der Vorgangskette der Ausschreibung und Bauvorbereitung (Vorgang 6) und der davor fertigzustellenden Ingenieurzeichnungen (Vorgang 7).

Sinngemäß muß auch der Ausbau (Putz bis Baureinigung) behandelt werden. Vor die jeweiligen Linien der Ausführung (Vorgang 8) werden die Vorgangsketten der Ausschreibung und Bauvorbereitung (Vorgang 9) und die Details bzw. Ausführungszeichnungen des Ausbaues (Vorgang 10) gelegt.

Nachdem diese Termine geklärt und festgelegt worden sind, können die entsprechenden Linien in das Diagramm im unteren Bildteil eingefügt werden. Zum besseren Verständnis wurden dabei bestimmte Vorgänge zu einer Fläche zusammengefaßt.

Während der gesamte Rohbau (Erdarbeiten, Mauer- und Betonarbeiten, Dachabdichtung, Zimmerarbeiten, Wasserhaltungs- und Dichtungsarbeiten) bei Zeichnungen (4) und Leistungsverzeichnissen (5) in einem einzigen Vorgang und in den beiden Linien 4 und 3 dargestellt worden sind, ist dies beim Technischen Ausbau nicht der Fall. Vielmehr sind in den Flächen der Vorgänge 7, 6 und 5 jeweils alle Rohmontagen der Gewerke Sanitär, Heizung, Lüftung, Elektro- und Kommunikationsanlagen enthalten. Die Feinmontagen als zweiter Abschnitt können rechts neben die Vorgangskette 10–9–8 als 11–12–13 gezeichnet oder als Teil des Ausbaus betrachtet werden.

Weder für
die Abwicklung der Ausführungsplanung
noch für
die Organisation der Ausschreibung
werden in der HOAI Terminpläne gefordert

Die Erfahrung lehrt, daß jeder Vorgang aber in allen seinen Reifestufen berücksichtigt und terminiert werden muß (Planung, Vergabe, Ausführung, Abrechnung).

Dabei wird zuerst die Ausführung geplant und dann »rückwärts« die Ausschreibung und Werkplanung davor gesetzt.

Das kann dazu führen, daß Zeichnungen oder Aufträge an die Firmen nicht rechtzeitig fertiggestellt bzw. erteilt werden.

Erwünscht wäre demnach ein Zeitplan, der dafür sorgt, daß

– Zeichnungen termingerecht fertiggestellt werden,
– dazu vollständig koordiniert sind und
– als Voraussetzung für die Ausschreibungen vorliegen.
– Leistungsverzeichnisse rechtzeitig fertiggestellt sind,
– Aufträge pünktlich erteilt werden können und
– möglichst wenig Nachträge erforderlich werden.

Bild 70: Die HOAI kennt keine interne Terminierung

Das gleiche trifft auf die folgenden Ausbauarbeiten (Nr. 10, 9 und 8) zu. Auch hier sind innerhalb der jeweiligen Flächen jeweils alle Ausbaugewerke (Putz, Estrich, Fliesen, Zargen, Holz- und Metallarbeiten, Anstreicher, Decken- und Bodenbeläge, Baureinigung) enthalten. Wir können daraus folgende Erkenntnisse ableiten:

Die spätest zulässigen Termine der Ausschreibung, Vergabe und Bauvorbereitung eines Projektes ergeben sich aus den Beginnterminen der jeweiligen Ausführung auf der Baustelle.

Ähnlich verhält es sich mit den Informationen, die der Ausschreibende für seine Leistungen benötigt. Auch hier können wir einen ähnlichen Text formulieren:

Die vom Architekten und den Fachplanern beizustellenden Informationen (Zeichnungen, Texte und Berechnungen) müssen spätestens zu Beginn der Arbeit der Ausschreibenden verfügbar sein, damit diese ihre Arbeit zügig und ohne Verzögerung durchführen können (Bild 70).

12.3   Die Terminierung der Rohbaukoordination

Grundsätzlich kann auch die Rohbaukoordination in die Spezifikationen eingebunden werden. Es ist aber zu bedenken, daß sich bei der Anordnung der Spezifikationen und Zeichnungen im Rahmen der logischen Folge, unterhalb der Ausschreibung nur eine *einzige* Schnittstelle von den Voraussetzungen zum Beginn der jeweiligen Ausschreibung ergibt. Dagegen gestattet die Anordnung im Rahmen der lokalen Folge, also die *seitliche Anordnung* (Vorgang 1 im Diagramm), die geschoßweise Vorschaltung der Koordinationsprozedur vor die jeweilige Ausführung. Damit ergibt sich hier ein erheblich größerer Spielraum für die Zeichner und Planer, weil anstelle einer einzigen nunmehr *zahlreiche* Schnittstellen vorhanden sind (Bild 69, Vorgang 1).

Nicht dargestellt, aber durchaus denkbar ist diese Situation auch für die Haustechnik und den Ausbau unter der Voraussetzung, daß die *Ausführungskoordination* von der *Ausschreibungskoordination* getrennt wird. (Ausführungskoordination: detaillierte Ausführungszeichnungen für die Handwerker auf der Baustelle. Ausschreibungszeichnungen: Informationen für den ausschreibenden Architekten, oft von minderer Präzision und Aussagekraft.) Das führt uns zu der Feststellung:

Während die Ausschreibungsvoraussetzungen (Zeichnungen etc.) der Ausschreibung vorgeschaltet werden müssen, können die Ausführungskoordinationsvorgänge (Rohbau, Technischer Ausbau, Ausbau) auch direkt vor der jeweiligen Ausführung angeschlossen werden.

Der Genauigkeit zuliebe muß dabei festgehalten werden, daß die Wahl besteht, die Koordinationsvorgänge (nicht aber die Ausschreibungsinformationen!) entweder parallel zu den Vorgängen 3, 6 und 9 einzuplanen, oder aber im Rahmen der lokalen Folge jeweils direkt vor der Ausführung.

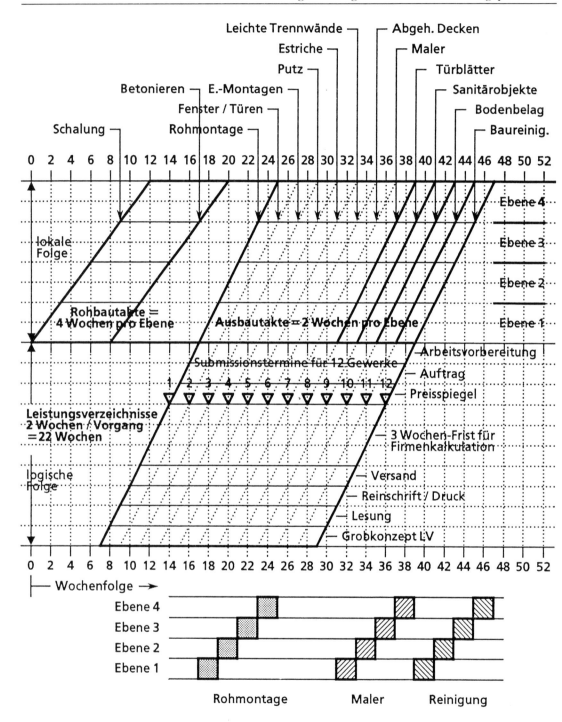

Bild 71: Liniendiagramm mit Zeichnungen, Vergabe und Ausführung

In jedem Fall muß die Koordination aller Ausführungszeichnungen spätestens vor Baubeginn abgeschlossen sein.

Sollen die Zeichnungen komplett als Pakete vorliegen, so sind diese vor dem Beginn der ersten Arbeit komplett abzuliefern, also genau so wie die Ausschreibung und Bauvorbereitung (Bild 47, oben).

Wenn dagegen die koordinierten Ausführungszeichnungen jeweils erst zu Beginn der jeweiligen Geschoßebene fertiggestellt sein müssen, dürfen sie ähnlich wie die Vorgänge der Nr. 1 seitlich vor die Vorgangslinie des ersten Vorgangs des jeweiligen Vorgangspaketes angeordnet werden (Bild 71, bzw. Bild 47, Mitte).

Damit ist die seitliche, also verzögerte Anbindung der Ausführungszeichnungen an die Ausführung eine zusätzliche Sicherheit für den Bauleiter, weil auch nach Überschreitung der spätesten Ablieferungstermine immer noch eine Chance besteht, kritische Situationen zu vermeiden.

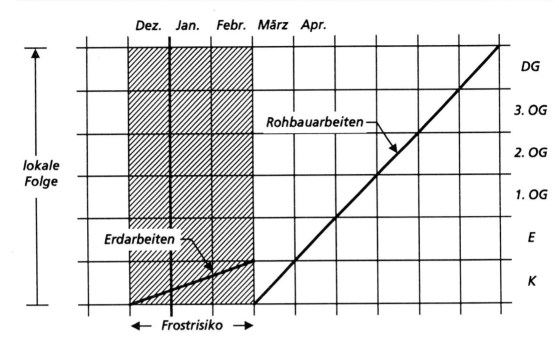

Bild 72: Start der Betonarbeiten nach Frostende

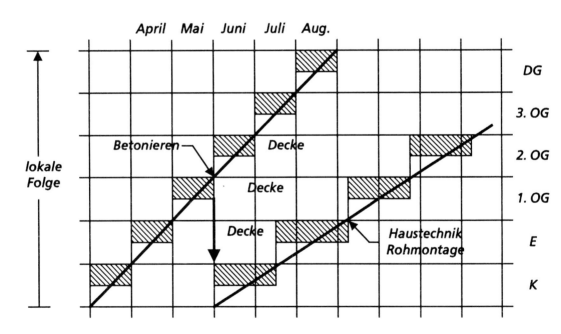

Bild 73: Regendichter Rohbau

13 Zur Taktik der Terminplanung

Bevor ein Terminplan entwickelt wird, sind verschiedene Fragen zu klären. Dieser Abschnitt behandelt taktische Überlegungen. Wenn wir in Deutschland bauen, spielen Wettereinflüsse eine besondere Rolle. Im Winter können die Temperaturen erheblich unter Null sinken und sowohl hinsichtlich der Baumaterialien (Erhärten von Putz oder Beton), als auch des Montagepersonals die Ausführung erschweren oder gar verhindern. Das führt zu bestimmten Überlegungen beim Normalfall, dem Bauen mit Stahlbeton-Decken.

13.1 Der Baubeginn

Man wird, wo immer sich dies einrichten lassen kann, mit den Fundierungsarbeiten (Ortbeton) in der frostfreien Zeit beginnen, also im März oder April (Bild 72). Die vorhergehenden Arbeiten dagegen können, wenn diese nicht frostempfindlich sind, in den Wintermonaten ausgeführt werden. Hierzu gehören etwa die meisten Erdarbeiten, das Rammen von Spundwänden oder das Setzen von sonstigen Verankerungen sowie Abbrucharbeiten.

13.2 Das Ende der Rohbauarbeiten

Mit dem Ausschalen der obersten Decke können die Nachfolgearbeiten beginnen, seien es der Zimmermann und der Dachdecker oder die Dachabdichtung durch Bahnen und Folien. Auch diese Arbeiten sollten möglichst zu einer Zeit stattfinden, in denen das Witterungsrisiko nicht zu groß ist, also nicht gerade in den Wintermonaten. Es ist dabei auch für eine gute Ableitung der sich ansammelnden Wassermengen zu achten. Im Idealfall sind die Kanäle schon bis ans Haus geführt und die Fallrohre (innen oder außen) bis an die Dacheinläufe bzw. Rinnen. Dann kann das Wasser sofort und permanent abgeleitet werden, ohne tage- oder gar wochenlang die Keller unzugänglich zu machen (Bild 73).

13.3 Der Beginn der Ausbauarbeiten

Meist sind die Grobinstallationen der Haustechnik die ersten Ausbauarbeiten im Gebäude. Die Fallrohre der Entwässerung, die Rohrleitungen von Wasser, Heizung und Sprinkler sowie die Kabelpritschen können im Untergeschoß oft schon gelegt werden, wenn der Rohbau in den oberen Geschossen noch in vollem Gange ist. Sicherheitshalber sollte man aber zwei bis drei Betondecken schon ausgeschalt und die Deckendurchbrüche oben im letzten fertigen Geschoß provisorisch geschlossen haben, bevor die Installateure im Keller beginnen (siehe: Meilensteine – Bild 25).

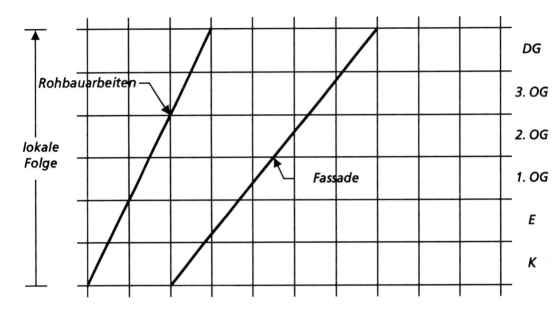

Bild 74: Wetterfester Rohbau (früheste Lage der Fassadenmontage)

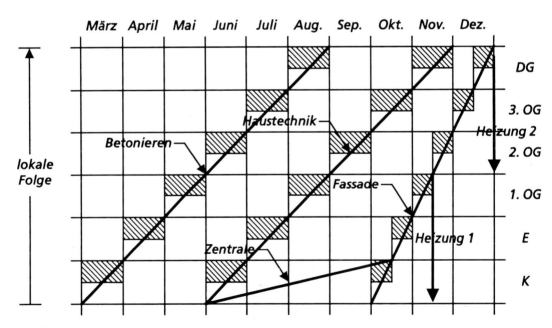

Bild 75: Winterfester Rohbau

13.4   Der wetterfeste Rohbau

Haben wir im Abschnitt 13.3 den regendichten Rohbau behandelt, so wollen wir nun den auch seitlich gegen die Witterung geschützten »wetterfesten« Rohbau ansprechen. Er bedeutet, so früh wie möglich nach Abschluß der Betonarbeiten (oder des Außenmauerwerks) die Fenster oder die Leichtmetallwand zu montieren und zu schließen. Im Normalfall bedeutet es das Einglasen, im Spezialfall die Montage der Panels, also der nicht durchsichtigen Felder der Metallwand. Dem Leser mögen derartige Empfehlungen trivial vorkommen. Er wird sich kaum vorstellen können, wie häufig der Rohbau wochenlang leersteht, ohne daß die Fassadenmonteure mit ihrer Arbeit beginnen. So gehört es zur Kunst eines erfahrenen Terminplaners, für das rechtzeitige Schließen der Seitenwände von Großbauten zu sorgen (Bild 74).

13.5   Der winterfeste Rohbau

Noch einen Schritt weiter gehen wir, wenn wir den wetterfesten Rohbau temperieren. Das kann sowohl durch zusätzliche Heizelemente geschehen, wie sie als Gasbrenner zu mieten sind. Eleganter kann ein klimatisierter Rohbau temperiert werden, wenn z. B. eine Hochdruck-Klimaanlage noch vor dem Einbau der eigentlichen Endgeräte ungeregelt Warmluft in die Räume schickt. Vor dem Einbau der Warmwasserheizung sollte sorgfältig geprüft werden, ob der Heizkeller verschlossen werden kann und die Räume soweit gesichert sind, daß keine Schäden an den Heizkörpern oder Konvektoren auftreten oder angerichtet werden können (Bild 75).

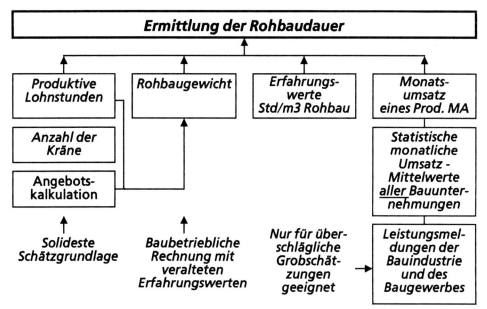

Bild 76: Ermittlung der Rohbaudauer

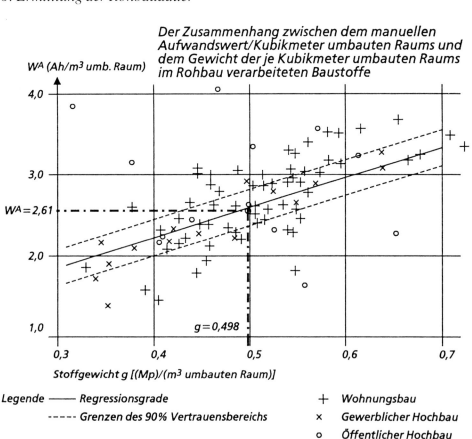

Bild 77: Der Zusammenhang zwischen Aufwandswert und Gewicht

14 Terminierung des Rohbaus

Die Ablaufplaner machen sich schon seit Jahrzehnten Gedanken um Richtwerte und Annäherungsdaten für die Rohbauterminierung. Wahrscheinlich die wichtigste Arbeit, auf der alle anderen Veröffentlichungen aufbauen, stammt aus dem Institut für Baubetriebslehre der Technischen Universität München.

Dr.-Ing. Hruschka hat dort 1969 eine umfangreiche statistische Auswertung von vielen hundert ausgeführten Bauten vorgenommen und daraus wichtige Schlüsse für die Terminierung des Rohbaus in den sechziger Jahren gezogen.

Wichtigste Ergebnisse waren Kennwerte für die Terminschätzung auf mehreren Ebenen: speziell auf Hauptebene, Grundebene, Prozeßebene. Auf der Hauptebene untersuchte der Doktorand Relationen zwischen Kubatur und Baudauer. Er berechnete den Stundenaufwand pro Kubikmeter umbauten Raumes, den Aufwand an Baumaterial pro m³ umbauten Raum und den voraussichtlichen Geräteeinsatz. Dabei zeigte sich (Bild 77):

- 2,0 bis 3,3 Stunden / Tonne Materialaufwand
- 0,1 bis 0,2 m³ Material / m³ umbauter Raum entsprechend 0,3 bis 0,7 Tonnen / Raummeter
- Kranleistung 1000 Tonnen / Monat
- Personalaufwand 17 bis 20 produktive Arbeiter pro Kran

Die zweite Ebene (Grundebene) befaßte sich mit dem Zusammenhang von Baudauern und kalkulatorischen Werten. Aus der Angebotssumme wurde der Lohnanteil erfaßt: 35 bis 50 %, je nach Größe des Objektes (große Projekte – kleinere Werte). Der Lohnanteil, dividiert durch den Mittellohn (50 bis 70 DM / Stunde), ergibt den Stundenaufwand des Objektes (kleinerer Wert: Mittelstandsbetrieb). Die resultierende Summe, dividiert durch die Zahl der Wochen- oder Monatsstunden, liefert die Mannwochen bzw. -monate. Dividiert durch die Personalstärke ergibt sich die wahrscheinliche Bauzeit. Jedoch Vorsicht: Wegen Anlauf- und Auslaufzeiten muß das Personal in der Hauptbauzeit höher angesetzt werden als beim Durchschnitt über die gesamte Bauzeit.

Auf der dritten Ebene (Prozeßebene) untersuchte Hruschka die Aufwandswerte: Kubikmeter Beton, Tonne Baustahl, Quadratmeter Schalung, Zementestrich, Mauerwerk, Kalkputz. Es zeigen sich frappierende Unterschiede zu den Richtwerten der Literatur. Überhaupt scheinen die Richtwerte der oberen Ebenen bessere Grundlagen für das Dimensionieren des Bauablaufs zu geben als das Detail.

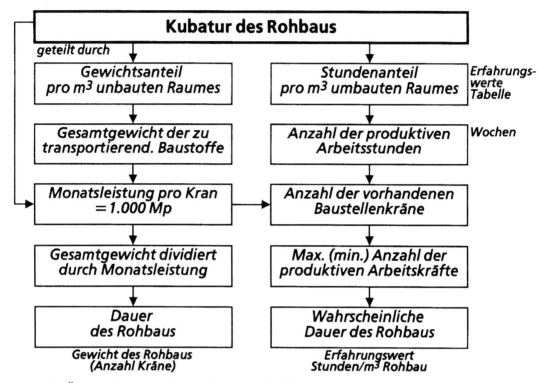

Bild 78: Überschlägliche Ermittlung der Rohbaudauer

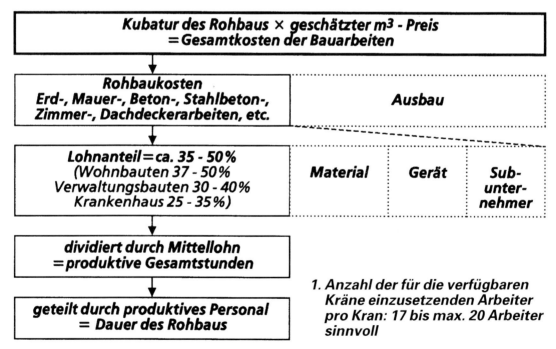

Bild 79: Ermittlung der Rohbaudauer

In den Publikationen der Deutschen Bauindustrie werden Angaben zum Jahres-
umsatz und den geleisteten produktiven
Stunden der Betriebe gemacht. Die Relation Monatsumsatz / produktive Arbeiter
ergibt für das Mittel aller Betriebe der Bauindustrie einen Monatswert von 12 000 bis
16 000 DM Umsatz pro Baustellenarbeiter
(produktives Personal). Für ein Objekt
von 16 Mio. DM würden sich dann 1000
Mannmonate errechnen. Geteilt durch
50 Mann ergibt sich eine Dauer von
20 Monaten, bei 80 Mann von 12,5 Monaten (die tatsächliche Baustellenmannschaft
muß in der Hauptzeit um 10 % größer
sein). Da es sich um ein statistisches Mittel
handelt, kann es erheblich günstigere, aber
auch schlechtere Werte geben. Viele erfahrene Baupraktiker lehnen deshalb diesen
Kennwert ab.

Bei Großobjekten kann der Monatsumsatz
jedenfalls für die Schätzung der Restdauer
herangezogen werden. Haben wir schon
vier Monate einen Umsatz von 1,5 Mio.
DM auf der Baustelle, werden für die
Restsumme von 9 Mio. DM mindestens
sechs Monate Restbauzeit erforderlich
sein (9 : 1,5 = 6 plus Auslaufzeit; Bild 52).
Man sieht, daß es viele Möglichkeiten
gibt, sich der Gesamtdauer des Rohbaues
anzunähern.

Auch die Summe der Ebenen pro Bauteil
kann proportional zur Aufteilung der Ge-
samtbauzeit herangezogen werden und
liefert damit annähernde Richtwerte für
die Gesamtdauer der Arbeiten der einzelnen Bauteile.

Auch eine Zeitschätzung auf der Basis von
Bruttogeschoßflächen kann sinnvoll sein,
wenn in erster Linie der Schalaufwand für
die Kalkulation herangezogen wird. Dies
scheint in der Bauindustrie inzwischen die
allgemein anerkannte Grundlage der Arbeitsvorbereitung zu sein.

Mehrere Verfahren können damit einander
gegenübergestellt werden:

1. Lohnstunden aus Kubatur umbauten
   Raumes (Bild 78),
2. Gesamtdauer aus Angebotssumme /
   Umsatz / Mann,
3. Materialaufwand aus Kubatur umbauten Raumes (Bild 79),
4. Mitarbeitermonate aus dem Monatsumsatz (Bild 52),
5. Bauzeit aus Bruttogeschoßflächen.

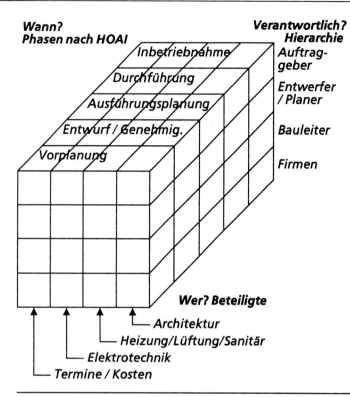

Wann?
Phasen nach HOAI

Inbetriebnahme
Durchführung
Ausführungsplanung
Entwurf / Genehmig.
Vorplanung

Verantwortlich?
Hierarchie

Auftraggeber
Entwerfer / Planer
Bauleiter
Firmen

Wer? Beteiligte

Architektur
Heizung/Lüftung/Sanitär
Elektrotechnik
Termine / Kosten

Der Würfel zeigt die vielfachen Datenverknüpfungen zwischen der Zeit, den Fachbereichen und den Hierarchien. Die Kombination Fachbereich -Hierarchie ist in Bild 89 dargestellt. Die Verknüpfung Zeit- Fachbereich zeigt uns für jede Sparte den zeitlichen Planungs- und Bauablauf. Die Kombination von Zeit und Hierarchie schließlich verknüpft auf jeder Ebene alle Phasen miteinander. Der Sinn derartiger Verbindungen zeigt sich bei den verschiedenen Umsortierungen der Planungsdaten.

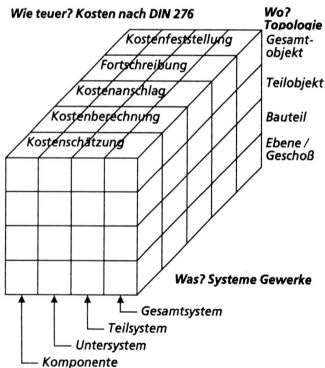

Wie teuer? Kosten nach DIN 276

Kostenfeststellung
Fortschreibung
Kostenanschlag
Kostenberechnung
Kostenschätzung

Wo?
Topologie

Gesamtobjekt
Teilobjekt
Bauteil
Ebene / Geschoß

Was? Systeme Gewerke

Gesamtsystem
Teilsystem
Untersystem
Komponente

Ähnlich dem oberen Bild sind hier die Kosten in ihrer Reifungsfolge einmal mit der Lokolgliederung, ein andermal in der Gewerkesortierung dargestellt. Während letztere allgemein bekannt ist, soll die Aufteilung nach der Örtlichkeit erläutert werden: Gebäude, Ebene, Abteilung, Raum, Bauteil (Wand, Decke, Boden). Selbstverständlich sind die Daten des Würfels aus dem oberen Bild auch mit allen Daten des unteren verknüpft und umgekehrt.

Bild 80: Integrierte Termin- und Kostenplanung

15 Terminplanung des Architekten – Eine zusammenfassende Darstellung

15.1 Drei Ebenen der Projektarbeit

- Jedes Projekt kann auf mindestens drei Arten (Ebenen) betrachtet werden:
  - als Ganzes (Black Box = nur Input und Output)
  - auf Gewerkegrundlage (Einzelverträge mit den Firmen)
  - auf Positionsgrundlage (Leitpositionen, also »A« aus der ABC-Reihe [Bild 83])

- Das Projekt *als Ganzes* wird definiert durch wesentliche Parameter:
  - die Kosten,
  - die Kubatur,
  - die Bauzeit,
  - den prozentualen Fertigstellungsgrad,
  - die nutzerspezifischen Kennwerte (Bettenzahl, Nutzer).

- Das *Projekt auf Vertragsebene* wird definiert durch die Gewerke und die Verträge innerhalb dieser Gewerke.

- Das *Projekt auf Positionsebene* wird definiert durch die Nutzungsbereiche, die Arbeitsfolgen innerhalb dieser Bereiche und die wesentlichen Kontrollpunkte innerhalb dieser Ablaufketten (Bild 83).

1. Nutzungsbereiche ergeben sich aus dem Raumprogramm. Beispielsweise sind Wohnräume, Naßzellen (Bäder, WC), Küchen, Flure und Treppenhäuser unterschiedliche Nutzungen. Das Kennzeichen dieser Nutzungen ist ein unterschiedlicher Ausbaugrad. Gleicher Ausbau wird als gleiche Nutzung definiert, solange es lediglich um die Terminplanung geht.

2. *Arbeitsfolgen* beschreiben die Reihenfolge, in der die Vorgänge nacheinander abgearbeitet werden. Dabei werden nur solche Vorgänge berücksichtigt, die wesentliche Leistungen darstellen, bevor ein anderes Gewerk oder eine andere Firma benötigt wird.

3. Wesentliche *Kontrollpunkte* werden alle diejenigen Vorgänge genannt, deren Fortschritt leicht gemessen werden kann. Beispielsweise sind das Einsetzen eines Türblattes, der letzte, andersfarbige Anstrich einer Mehrfachbeschichtung oder das Betonieren einer Decke derartige Kontrollpunkte.

4. Das *Projekt als Ganzes* interessiert vor allem den Auftraggeber, und zwar in jeder Phase des Ablaufes. Der Architekt verwendet es vor allem zu Beginn der Planungsarbeit. Denn dann ist wegen fehlender Informationen und Planungsreife noch keine Differenzierung und damit keine Unterteilung möglich.

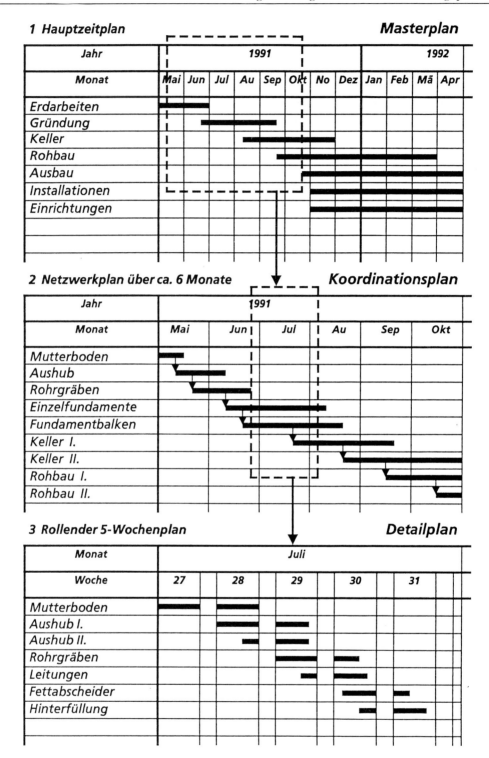

1 Hauptzeitplan   **Masterplan**

Jahr	1991								1992			
Monat	Mai	Jun	Jul	Au	Sep	Okt	No	Dez	Jan	Feb	Mä	Apr
Erdarbeiten												
Gründung												
Keller												
Rohbau												
Ausbau												
Installationen												
Einrichtungen												

2 Netzwerkplan über ca. 6 Monate   **Koordinationsplan**

Jahr	1991					
Monat	Mai	Jun	Jul	Au	Sep	Okt
Mutterboden						
Aushub						
Rohrgräben						
Einzelfundamente						
Fundamentbalken						
Keller I.						
Keller II.						
Rohbau I.						
Rohbau II.						

3 Rollender 5-Wochenplan   **Detailplan**

Monat	Juli						
Woche	27		28	29	30	31	
Mutterboden							
Aushub I.							
Aushub II.							
Rohrgräben							
Leitungen							
Fettabscheider							
Hinterfüllung							

Bild 81: Gleitende Planung

5. Das *Projekt auf Gewerkegrundlage* wird vom Architekten am meisten angewandt. Fast alle Ablaufpläne sind schon in frühen Projektphasen auf die Gewerke hin unterteilt und terminiert. Sogar Vertragstermine werden auf dieser Grundlage erstellt, obwohl dies bedenklich ist. Der Nachweis dafür wurde im vorigen Abschnitt geführt (Kapitel 9).

6. Das *Projekt auf Positionsgrundlage* ist die eigentliche Arbeitsebene des Architekten. Auf dieser Ebene können präzise Termine vereinbart, die Arbeitskräfte disponiert und die Fertigstellung überwacht werden. Nur auf dieser Ebene lassen sich Bauleitung, Verträge und Gesamtprojekt gemeinsam bearbeiten. Erst die Durcharbeitung im Detail garantiert Termin- und Kostensicherheit sowie Qualität. Terminplanung hat erst Sinn, wenn sie auf dieser Ebene konsequent und fachkundig realisiert wird.

7. Perfekte Terminplanung hat stets *alle drei Ebenen* im Auge. Das bedeutet, daß auch bei der operativen Arbeit auf unterster Ebene man die beiden anderen Ebenen im Auge behalten muß (siehe »Gleitende Planung«, Bild 81).

8. Die zuvor beschriebene Methode der Terminplanung vom Groben ins Feine bezeichnen wir als »von oben nach unten« (englisch: *Top-down*).

9. Die Rückstufung bzw. Aggregierung von der Arbeitsebene auf die mittlere und obere Ebene bezeichnen wir als »von unten nach oben« (englisch: *Bottom-up*).

10. Die komplette Durcharbeitung der Arbeitsebene vom Beginn des Projektes ist arbeitsaufwendig und führt meist im Schlußdrittel zu unrealistischen Ergebnissen. Abhilfe schafft hier die »*Gleitende Planung*« (Bild 81).

15.2 Die Abstände der Vorgänge: Wie erreiche ich die kürzeste Bauzeit?

1. Im Regelfall beginnt der nachfolgende Vorgang, nachdem der Vorgänger fertiggestellt ist.

2. Bei größeren Bauten kann man die Gesamtdauer dadurch kürzen, daß man den Nachfolger bereits beginnen läßt, wenn der Vorgänger noch auf der Baustelle arbeitet (Überlappende Arbeitsfolge).

3. Die Größe der Überlappung richtet sich danach,

   - wie groß das Objekt ist,
   - wie zuverlässig die Kolonnen sind,
   - wie die Arbeitsgeschwindigkeit festgelegt wurde,
   - wie die technischen Arbeiten aussehen (z. B. Austrocknungszeiten).

4. Diejenige Annäherung zwischen zwei Vorgängen, die nicht unterschritten werden darf, nennt man »kritisch« (Bild 82).

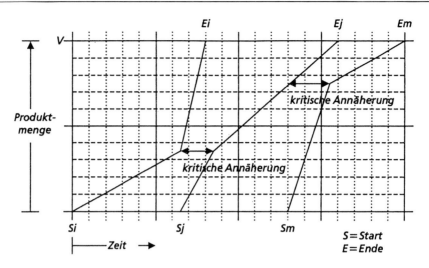

Bild 82: Kritische Annäherung zweier Vorgänge (Quelle: Brandenberger)

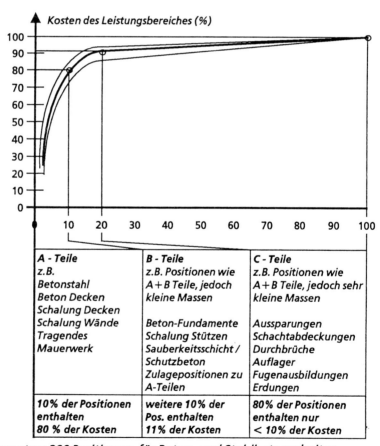

ABC - Analyse von etwa 200 Positionen für Beton- und Stahlbetonarbeiten

Bild 83: ABC-Analyse (Quelle: DBZ-Veröffentlichung von Drees)

5. Wenn man schnell bauen will, genügt es nicht, jeden Vorgang so kurz wie technisch möglich zu machen. Vielmehr muß man versuchen, die Dauern möglichst ähnlich oder sogar gleich lang zu gestalten: man definiert eine *»mittlere Arbeitsgeschwindigkeit«* für alle sich überlappenden Vorgänge.

6 Um diese *»Mittlere Arbeitsgeschwindigkeit«* zu erreichen, muß der Anfänger viel Mühe und sogar Rückschläge in Kauf nehmen. Einige Ausbaugewerke müssen mit maximalem Personaleinsatz arbeiten (d. h. mehr Leute können an Ort und Stelle nicht beschäftigt werden, Bild 39).
Andere Gewerke kommen womöglich mit einer Kolonne aus. Im Extremfall sind »Sprungfolgen« angebracht: Die Kolonne arbeitet jede Woche nur ein oder zwei Tage auf der Baustelle.

7. Welche Auswirkungen unterschiedliche Vorgangsdauern bei überlappenden Vorgängen haben können, zeigt Bild 39. Wenn der extrem langsame Vorgang B plötzlich sehr kurz wird, kehren sich zwar die »kritischen Annäherungspunkte« (Bild 82) um. Aber die Gesamtdauer der Vorgangskette ändert sich nicht. Im Extremfall kann diese sich sogar verlängern, obwohl mit erheblichem Aufwand der Vorgang verkürzt wurde.

8. Es zeigt sich gerade bei diesem Beispiel, daß durch eine gleichmäßige Dauer aller Vorgänge die *absolut kürzeste Gesamtdauer des Projektes* erreicht wird.

9. Eine derartige Arbeitsorganisation bezeichnet man als »Taktorganisation«. Die Vorgänge des Projektes werden numeriert. Sie sind »Takte«, die in möglichst regelmäßigen Abständen beginnen sollten (Bild 85). Dies ist aber nicht zwingend.

10. Taktorganisation empfiehlt sich aber nicht nur bei besonders kurzer Bauzeit. Sie sollte *auch bei ausreichender Planungs- und Bauzeit* angewendet werden. Sie erleichtert die Planungs- und Bauorganisation und führt zu Übersicht und Klarheit.

11. Im Normalfall kann man durch derartige Planungsmethoden schon frühzeitig den Gesamtablauf bestimmen. Die Taktorganisation unterstützt aber auch die Selbstorganisation der Beteiligten. Im Planungsstab werden beispielsweise bei der technischen Koordination regelmäßig die Zeichnungen weitergereicht. Auf der Baustelle »treibt« der Nachfolger den Vorgänger.

12. Bei der Taktorganisation unterscheiden wir zwei Komponenten: die *Dauer der Vorgänge* (die bekanntlich möglichst gleich sein sollte) und die *Summe aller Abstände der aufeinander folgenden Arbeitstakte*.

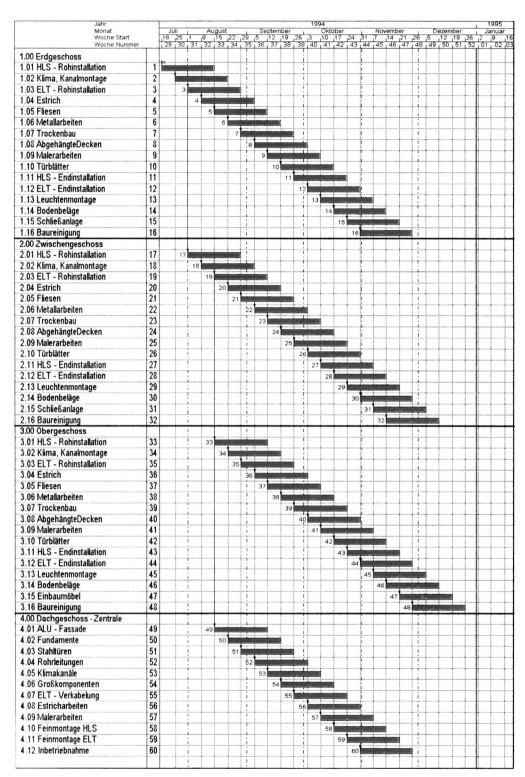

Bild 84: Ausbautermine in Taktfertigung

13. Die Summe der aufeinander folgenden Taktabstände liefert für jeden Arbeitsabschnitt (Ebene, Geschoß) die Gesamtdauer des Ausbaues (oder auch anderer Arbeiten). Haben wir beispielsweise 13 Takte, die jeweils zwei Wochen Abstand aufweisen, so berechnet sich die Summe aller Abstände zu 12 x 2 = 24 Wochen (Bild 85).

14. Beträgt die Dauer des Normaltaktes vier Wochen pro Geschoß und werden sechs Geschosse gebaut, so beträgt die Gesamtdauer des Gewerkes (Taktes) 4 x 6 = 24 Wochen.

15. Die Gesamt-Bauzeit beträgt dann als Summe von Taktdauer und Taktabständen 24 + 24 = 48 Wochen (11 Monate).

Man sieht, wie sich durch eine Taktorganisation zumindest die wahrscheinliche Gesamtdauer schnell und einfach ermitteln läßt.

16. In Taktfertigung organisierte Ablaufpläne weisen ein ganz *anderes Gesicht* auf als die üblichen Balkenpläne. Weil alle Vorgänge die gleiche Dauer aufweisen und in regelmäßigen Abständen gegeneinander verschoben sind, entsteht ein regelmäßiges, scheinbar stupides Ablaufbild. Nur der Fachmann erkennt, daß dabei eine systematische Fließfertigung organisiert ist, bei der jede Kolonne in einer festgelegten Arbeitsrichtung durch das Gebäude voranschreitet (Bild 84).

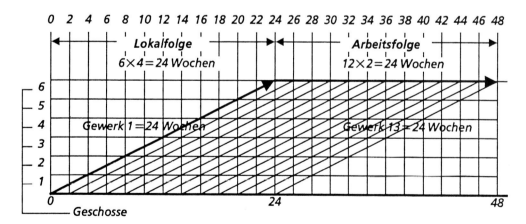

Das erste von 13 Gewerken (Takten) benötigt pro Geschoß vier Wochen, bei sechs Ebenen mithin 6 x 4 = 24 Wochen.
Alle zwei Wochen beginnt ein neuer Ausbautakt. Mithin kann der letzte Takt nach 12 x 2 = 24 Wochen beginnen bzw. enden. Die Dauer des Taktes (Lokalfolge) plus der Summe aller Taktabstände (Arbeitsfolge) ergibt die Gesamtdauer der Arbeit: 24 + 24 = 48 Wochen.

Bild 85: Vereinfachte Systematik der Terminplanung bei Taktfertigung

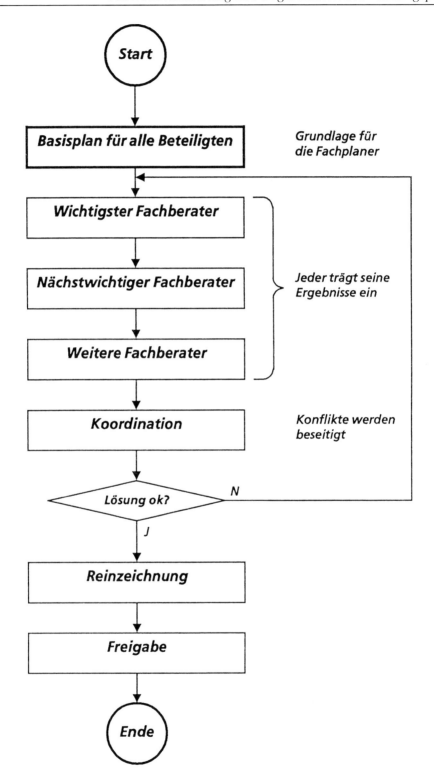

Bild 86: Verallgemeinerter Ablauf jeder Koordinationsprozedur

16   Koordination als Kernproblem der Ausführungsplanung

Mit zunehmendem Technikanteil ist die Fertigung der Zeichnungen immer schwieriger und fehleranfälliger geworden. Nur bei rechtzeitiger Berücksichtigung aller technischen Systeme kann der Architekt davon ausgehen, daß seine gestalterischen Absichten auch berücksichtigt und in die Realität umgesetzt werden. Auf alle Fälle zu vermeiden ist die Änderung der Zeichnungen auf der Baustelle, weil der entwerfende Architekt nicht alle auftretenden Fragen rechtzeitig und erschöpfend vorher geklärt hat.

Wer eine ausgereifte und anspruchsvolle Architektur wünscht, muß sich mit den Haustechnikern auseinandersetzen. Das erfordert mitunter mehr Geduld und Zeit, als zur Verfügung steht – wie man zunächst glauben könnte. Es ist jedoch unabdingbar, daß der Architekt so weit in die Gedanken und Absichten der Fachplaner eindringt, bis er sicherstellen kann, daß diese seine eigenen Absichten und Ziele nicht beeinträchtigen oder gar gefährden. Er darf diese Aufgabe nicht den Bauleitern, noch weniger einem federführenden Haustechniker überlassen, denn der Ingenieur kann sich aus verständlichen Gründen nicht restlos in die gestalterische Konzeptionen hineindenken.

Benötigt werden zeichnerische und textliche Informationen, mit denen jeder Beteiligte des Projektes sich eindeutig einverstanden erklärt.

Wenn es gelingt, derart klare Aussagen rechtzeitig zu erhalten, wird der Architekt seine Ziele erreichen, vorausgesetzt, er beherrscht die Kunst der Koordination.

Was ist Koordination? Es ist die Kunst des Zuhörens, der Reduktion aller Probleme auf wenige Punkte, des Siegens durch Nachgeben. Der erfolgreiche Koordinator läßt jedem sein Recht und berücksichtigt die Interessen der Beteiligten so gut wie möglich.

Wie funktioniert die technische Koordination? Das zeigt uns das Flußdiagramm (Bild 86) und die zugehörige Beschreibung. Das dort vorgestellte Modell ist nur ein Vorschlag, der vielfältig variiert werden kann, denn die Koordinationsmethoden haben verschiedenartige Ausprägungen. Je enger der ständige Kontakt zwischen den Beteiligten, desto einfacher und unkomplizierter dürfen sie sein. Umgekehrt müssen bei räumlicher Distanz und geringerem Personaleinsatz (quantitativer und qualitativer Art) die Regeln präziser und die Kontrollen rigider sein. Je kleiner die Büros der Fachplaner, desto schwieriger wird erfahrungsgemäß die technische Koordination, und zwar in dem Maße, wie die Objekte größer und die Ausführungstermine knapper werden.

Wer die Koordinationsprozeduren in den Griff bekommt, wird fehlerfreie Zeichnungen zur Baustelle liefern, bei denen es keine Rückfragen mehr gibt und die jeweils rechtzeitig vorliegen.

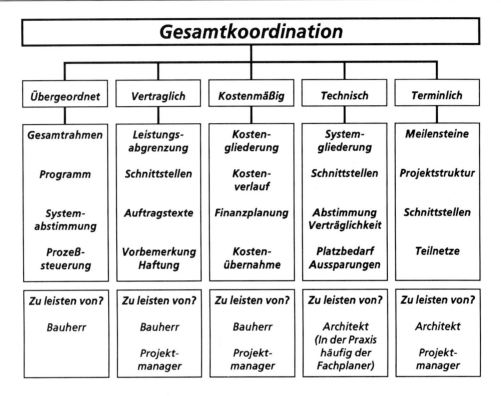

Bild 87: Fünf Arten der Koordinierung

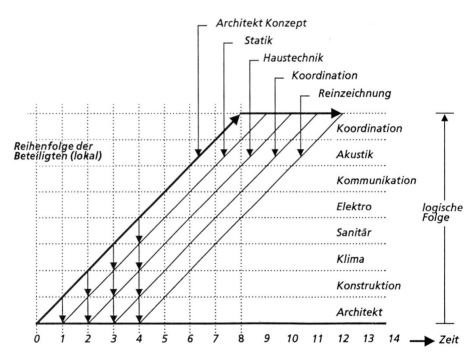

Bild 88: Koordinationsterminierung

Welche Koordinationsarten gibt es?

Bild 87 läßt folgende Koordinationsarten erkennen: übergeordnete, vertragliche, kostenmäßige, technische und terminliche Koordination. Da diese unterschiedlichen Arten gern verwechselt werden, sollen sie kurz dargestellt und voreinander abgegrenzt werden. Für jede Koordination sind unterschiedliche Projektbeteiligte verantwortlich. Solange man nicht die jeweilige Art des Koordinierens zusätzlich erwähnt, sind viele Diskussionen um die Ausführung und Abgrenzung überflüssig, weil mißverständlich.

16.1   Die übergeordnete Koordination

Auch bei intensiver Entlastung des Bauherrn wird dieser bestimmte Aufgaben nicht aus der Hand geben. Dazu gehören die Verfügung über die eigenen Finanzmittel, die existenzbestimmten Entscheidungen des Unternehmens, die Auswahl der engsten Mitarbeiter oder die Klärung widerstreitender Meinungen auf der obersten Führungsebene. Zu diesen Aktivitäten zählt auch die »übergeordnete Koordination«. Darunter ist die Zusammenführung aller wesentlichen Aufgaben der Spitze des Unternehmens zu verstehen und der Abgleich der zwangsweise hierbei auftretenden Interessengegensätze.

Neben dieser ausgesprochenen Spitzenaufgabe kann aber auch auf allen anderen, uns aus Bild 7 bekannten Ebenen, von einer »übergeordneten Koordination« gesprochen werden, und zwar dann, wenn der jeweilige Gesamtverantwortliche (Architekt auf der Entwurfsebene, Oberbauleiter auf der Überwachungsebene und der Systemführer auf der Firmenebene) unterschiedliche Meinungen und Forderungen unter einen Hut zu bringen hat. In allen diesen Fällen ist der horizontale Ausgleich (Bild 89) eine Frage der übergeordneten Koordination. Dagegen wird die technische Koordination innerhalb der selben Organisationsstruktur in der Vertikalen durchgeführt (Bild 89).

16.2   Die vertragliche Koordination

War im ersten Fall der Auftraggeber für die Koordination zuständig, so zeichnen bei der »vertraglichen Koordination« in erster Linie die Juristen verantwortlich. Sie sorgen für einheitliche Vertragstexte, stimmen die Schnittstellen zwischen unterschiedlichen Verträgen ab und vermeiden dadurch Lücken oder Doppelbeauftragungen. Sie sorgen für einheitliche Vorbemerkungen und Richtlinien, für eindeutige Formulierungen und Verträglichkeit mit den geltenden Gesetzen und Normen.

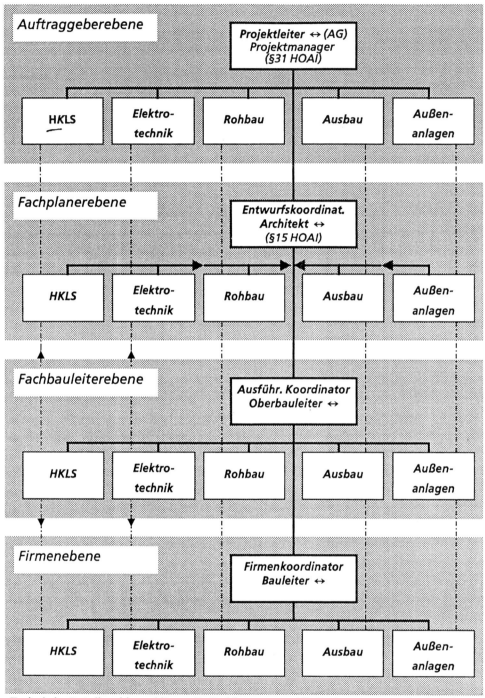

Bild 89: Hierarchien im Bauteam

16.3   Die technische Koordination

Hier ist der Architekt in seinem Element. Er sorgt für die Durchsetzung seiner gestalterischen Vorstellungen trotz aller noch so dringlicher Zwänge. Er gleicht zwischen den anderen am Projekt beteiligten Fachberatern aus, wenn diese gegensätzliche Positionen beziehen und diese nicht aufgeben wollen. Er hat das letzte Wort in allen funktionalen und bautechnischen Belangen eines Projektes (Bild 89).

In letzter Zeit ist immer wieder zu beobachten, daß selbst renommierte Architekten sich dieser Aufgabe dadurch zu entziehen versuchen, indem sie aus der Schar der Fachplaner einen auswählen, der für die gesamte technische Koordination verantwortlich ist. Das mag solange sinnvoll sein, wie es zwischen den verschiedenen Sparten der Haustechnik Meinungsverschiedenheiten geben sollte. Aber schon bei einem Dissens zwischen Statiker und Elektroingenieur ist der unabhängige souveräne Gestalter und Führer des Entwurfsteams gefragt, eben der Architekt. Wieviel mehr gilt dies noch bei gestalterischen Fragen! Es zeigt sich bei gründlicher Diskussion gerade dieses Bereiches, daß ein engagierter, verantwortungsvoller Architekt und Entwerfer diese Aufgabe nicht abgeben darf. In vielen Fällen kommt es darauf an, auch Details so zu gestalten, daß trotz wesentlicher technischer Anforderungen die gestalterischen Wünsche berücksichtigt werden. Oder die Instandhaltung und Wartung setzt Ziele, die der Fachplaner einfach nicht übersehen kann

oder will. Der moderne Architekt tut deshalb gut daran, sich mit technischem System zumindest soweit vertraut zu machen, daß er die wesentlichen Zusammenhänge kennt und beurteilen kann (Bild 90).

16.4   Die terminliche Koordination

Wer ist für die Termine der Planung verantwortlich? Im Idealfall selbstverständlich auch der Architekt. Aber welcher Architekt ist in der Lage, bei hochkomplexen Projekten dieser Aufgabe in vollem Umfang gerecht zu werden? Da muß in den meisten Fällen der Projektsteuerer, also der Bauherrenvertreter eingreifen. Damit dürfte unter den heutzutage üblichen Voraussetzungen dieser Terminkoordinator hervortreten.

Im Extremfall braucht ein derartiger Koordinator nur die jeweiligen Terminvorstellungen aller Beteiligten anzufordern, miteinander zu vergleichen und auf einen gemeinsamen Nenner zu bringen. Als Ergebnis dieser terminlichen Abstimmung unterschiedlicher Wünsche ergibt sich dann das Gesamtterminkonzept. Das entgegengesetzte Extrem wäre »Koordination durch Autorität«, d. h. die Erstellung des Gesamtterminplanes ohne Anhörung der Fachplaner bzw. »Koordination durch Beauftragung«, also ohne das Einholen der jeweiligen Detailinformationen und das mühevolle Zusammenfügen dieser Fragmente zu einem Gesamtterminplan.

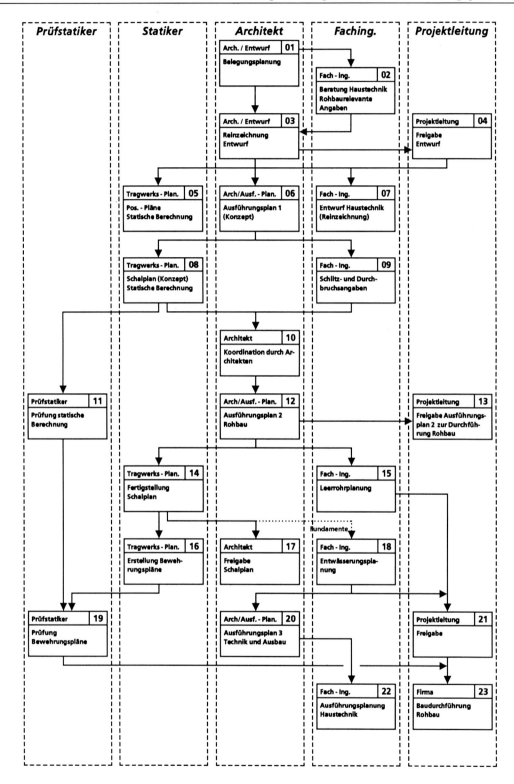

Bild 90: Technische Koordination der Ausführungsplanung
    (Quelle: Aßmann, DVP-Tagung 1985 in Berlin)

16.5   Die kostenmäßige Koordination

Jeder Architekt wird behaupten, daß er diese Aufgabe lückenlos wahrnimmt. Aber aus der jahrzehntelangen Erfahrung der Verfasser lassen sich immer wieder Fälle aufzeigen, in denen dies nicht geschah. Vielleicht ist es gerade diese Zuversicht, die Dinge insgesamt im Griff zu haben, die dazu führt, daß irgendeine wichtige Instanz nicht rechtzeitig in die Kostenüberlegungen einbezogen wird. Als Ergebnis stocken plötzlich die Arbeiten. Ein Antrag muß gestellt werden, der wochenlang läuft, bis endlich die Gebühren eingezahlt und auf die jeweilige Institution so lange gewartet werden muß.

Kostenmäßige Koordination besteht darin, daß man klärt, wer was wann an wen zu bezahlen hat, damit alle Vorgänge reibungslos und zügig auf der Baustelle ablaufen können. Im gegenteiligen Fall kann es wochenlange Unterbrechungen und Streitereien geben, die bei rechtzeitiger Koordination vermieden worden wären.

Realistische Terminpläne

*orientieren sich an der praktischen Ausführung
(Produktionspläne)*

Das bedeutet die Einhaltung folgender Forderungen:

1. *Der Plan muß in der Tagesarbeit anwendbar sein.*
2. *Tief gegliedert bis zur Position des Leistungsverzeichnisses.*
3. *Gut im Fortschritt meßbar.*
4. *Berücksichtigung unterschiedlicher Nutzungen.*
5. *Systematisch Reihenfolgen definieren.*
6. *Gliederung nach Nutzungsbereichen, weil nur dort die tatsächlichen Abläufe analysiert werden können.*
7. *Zeichnungsanalyse der Ausführungsdetails, weil so die wirkliche Reihenfolge der Vorgänge erkennbar ist.*
8. *Startpunkt, Arbeitsrichtung und -geschwindigkeit der Ausführung so früh wie möglich festlegen, weil sich die Planung immer nach der Ausführung richten muß.*
9. *Möglichst aus dem Lohnanteil Manntage, -wochen, oder -monate berechnen, weil damit die Dauern realistischer ermittelt und kontrolliert werden können.*
10. *Nach Baubeginn die Sollvorgaben ständig überprüfen und bei Abweichungen sofort der Realität anpassen.*

Bild 91: Realistische Terminpläne durch Produktionspläne

17 Ausführungspläne

17.1 Eigene Pläne

Wie in Kapitel 15 behandelt, können Ausführungspläne auf verschiedenen Ebenen entwickelt werden: Gewerke-, Bereichs- und Nutzungsebene. Im ersten Fall werden sämtliche zu beauftragenden Gewerke mit Start- und Endpunkt benannt. Im zweiten Fall wird diese Aufzählung weiter unterteilt nach den einzelnen Gebäuden oder Bereichen, eventuell sogar nach Geschossen oder Ebenen. Im letzten Fall wird bis zu den operativen Vorgängen auf der Baustelle untergliedert, wo sich bekanntlich für jede Nutzung eine andere Reihenfolge des Ausbaues ergibt. Damit hat man bereits drei Ablaufebenen angesprochen, die schrittweise unterteilt bzw. auch umgekehrt von unten nach oben aggregiert werden können.

In diesem Buch wurde gezeigt, daß der Gewerkeplan zwar meist als Balkenplan entwickelt wird, in dieser Darstellung aber zuviel Ungenauigkeiten aufweist. Man wird ihn deshalb besser als Liniendiagramm mit (annähernd) gleichen Vorgangsdauern darstellen. In dieser Form läßt er sich auch für die einzelnen Bereiche kopieren, wobei diese im allgemeinen so gegeneinander verschoben sind, daß ein gleichmäßiger Arbeitsfluß durch die einzelnen Bereiche im Sinne einer zügigen Abfolge gegeben ist.

Auch im Sektor der unterschiedlichen Nutzungen lassen sich überlappende Vorgänge gut als Liniendiagramm zeichnen. Es ist nur dafür zu sorgen, daß die Summe dieser Einzelpläne mit der nächsthöheren Ebene (Bereichspläne) übereinstimmt. Wenn dies gelingt, liegt ein durchgehendes System der Ablaufplanung für die gesamte Baudurchführung vor (Bild 91).

Unnötig zu sagen, daß mit jeder neuen Änderung, mit den Informationen von der Baustelle und aus den Planungsbüros diese Ablaufmodelle regelmäßig angepaßt und auf das Endziel hochgerechnet werden müssen! Denn nur in der ständigen Anpassung an die (wahrscheinliche) Realität erhält der Ablaufplan seine Legitimation und Glaubwürdigkeit. Obwohl erfahrene Ablaufplaner Liniendiagramme auch von Hand fortschreiben können, sollte man bei großen Objekten als Zeitersparnis letzten Endes die EDV als schnellste und wirtschaftlichste Arbeitshilfe einsetzen (Transformationsmethode, Bild 12).

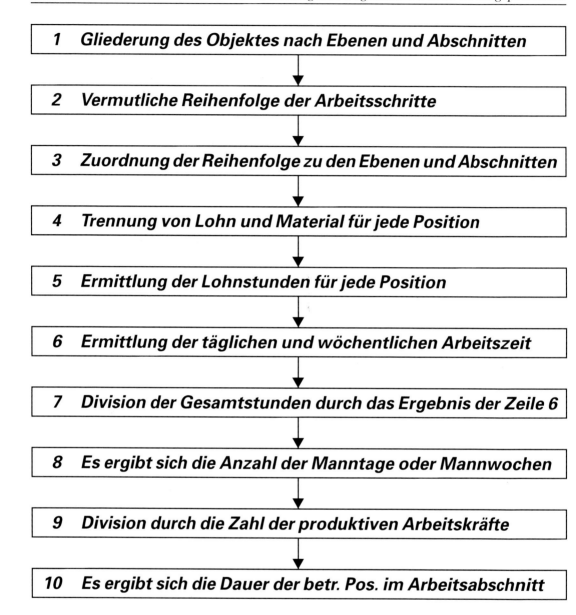

1	**Gliederung des Objektes nach Ebenen und Abschnitten**
2	**Vermutliche Reihenfolge der Arbeitsschritte**
3	**Zuordnung der Reihenfolge zu den Ebenen und Abschnitten**
4	**Trennung von Lohn und Material für jede Position**
5	**Ermittlung der Lohnstunden für jede Position**
6	**Ermittlung der täglichen und wöchentlichen Arbeitszeit**
7	**Division der Gesamtstunden durch das Ergebnis der Zeile 6**
8	**Es ergibt sich die Anzahl der Manntage oder Mannwochen**
9	**Division durch die Zahl der produktiven Arbeitskräfte**
10	**Es ergibt sich die Dauer der betr. Pos. im Arbeitsabschnitt**

Bild 92: Die wichtigsten Schritte eines Produktionsplanes

17.2   Firmenpläne

Kein noch so erfahrener Ablaufplaner ist auf allen Gebieten gleich geschult und kompetent. Er wird sich immer auch auf die Erfahrungen und Kenntnisse anderer Kollegen stützen. Dies gilt vor allem für diejenigen Gewerke, die Speziallösungen anbieten: Fassaden, Haustechnik, Sonderbereiche wie Aufzüge, Horizontaltransport oder Laboreinrichtungen, um nur die wichtigsten zu nennen. Die große Kunst besteht in solchen Fällen darin, brauchbare Vorschläge der beauftragten Firmen oder Fachberater zu erhalten, diese mit den übrigen Abläufen zu koordinieren und in den Gesamtplan zu integrieren. Im Idealfall entwickelt der externe Ablaufplaner überhaupt keine eigenen Pläne. Vielmehr besorgt er sich von allen Firmen deren Ablaufvorschläge, um daraus den eigenen Terminplan zu konzipieren.

Dieses Vorgehen hat mehrere Vorteile. Einmal sind die ausführenden Firmen dadurch gezwungen, sich Gedanken über ihre eigene Arbeitsvorbereitung zu machen, nicht zuletzt auch über die Schnittstellen zu anderen Gewerken. Zum andern werden die Pläne von denjenigen Leuten aufgestellt, die ihre Arbeit am besten kennen und damit die wahrscheinlich besten Abläufe konzipieren.

Der Nachteil besteht darin, daß heutzutage nur wenige Firmen kompetent genug sind, wirklich brauchbare Ablaufmodelle zu entwickeln. Wie in diesen Fällen vorzugehen ist, wird im nächsten Abschnitt beschrieben.

17.3   Der Produktionsplan

Ein Produktionsplan ist ein Ablaufplan, der aufgrund eines Leistungsverzeichnisses erstellt wird. Er wurde erstmals von Baurat Koss in einer Schrift des RKW in den sechziger Jahren dargestellt. Im Idealfall existiert bereits ein Ablaufkonzept des Bauleiters oder des Projektsteuerers (oder beider gemeinsam), das die Reihenfolge der Ausführung zur Grundlage der Reihenfolge der Positionen des Leistungsverzeichnisses macht. Wenn der Unternehmer für jede Position auch die Lohnanteile genannt hat, kann bei entsprechender Unterteilung des Gesamtverzeichnisses nach Geschossen und Abschnitten für jeden dieser Bereiche auch die Gesamtstundenzahl genannt werden.

Von dort ist es nur ein kurzer Weg zu den verfügbaren oder maximal einzusetzenden Arbeitskräften, um die wahrscheinlichen Dauern zu ermitteln (Bild 92).

Da der Produktionsplan den ausführenden Handwerkern jeweils zu Wochenanfang vorgelegt und mit ihnen durchgesprochen wird, können Akkordverträge überlegt und Anregungen der Monteure unmittelbar für die Arbeitsvorbereitung verwendet werden. Die Erfahrung in der Praxis (KOPF-System) zeigt erstaunliche Produktivitätssteigerungen, die auch dem Ablaufplaner zugute kommen.

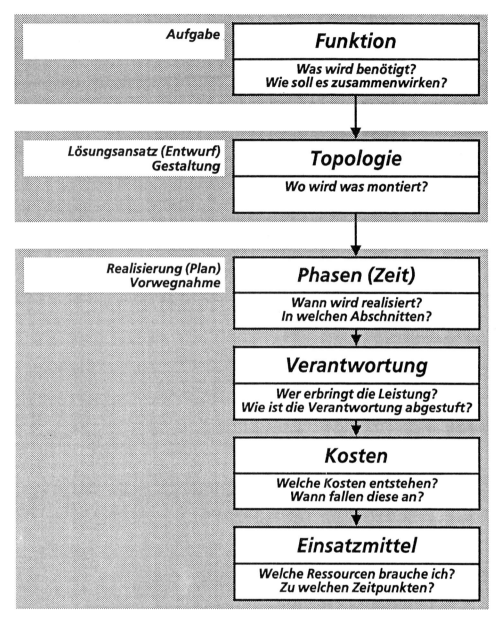

Wie in jeder Organisationsaufgabe, so sind auch bei Projektmanagement immer wieder die gleichen Aufgaben zu erledigen, die sich durch die Fragen:

Was?, Wie?, Wo?, Wann?, Wer?, Wie teuer?, Womit ?

beschreiben lassen.

In der Praxis werden diese Fragen nicht alle zu gleicher Zeit erledigt. Vielmehr bilden sich Schwerpunkte, die nacheinander bearbeitet werden.

Bild 93: Grundlagen der Terminplanung

18 Zusammenfassung

1. Leistungsvorgabe und Leistungsmessung gehören zum Projektmanagement.

2. Taktfertigung verkürzt die Dauer ohne Mehraufwand.

3. Jedes Projekt muß vielfach gegliedert werden.

4. Die oberste Ebene enthält Meilensteine und ist unveränderlich.

5. Die unterste (Arbeits-) Ebene muß ständig der Realität angepaßt werden.

6. Es gibt unterschiedliche Verknüpfungen der Vorgänge untereinander.

7. Vor der Ablaufplanung sind Witterungs-Risiken zu prüfen.

8. Nur der »Produktionsplan« gibt realistische Ablaufdaten.

9. Grafische Planung erleichtert die Fortschrittskontrolle.

10. Auch die besten Vertragsklauseln sind keine Garantie für Zielerreichung. Viel wichtiger sind Stetigkeit und Zielorientierung des Projektmanagers.

11. Der Rohbau läßt sich anhand vieler Richtwerte terminieren. Die mittlere Ausbaugeschwindigkeit ist dagegen eine Frage der Erfahrung.

12. Die Teilabläufe: Durchführung, Koordination und AVA kann man zu einem Gesamtmodell »Planung und Ausführung« zusammenstellen, das schon frühzeitig wichtige Informationen über den späteren Ablauf liefert.

Teil C: Anhang

Übungsaufgabe 1

Drei Abläufe sollen miteinander verglichen werden. Von den drei Vorgängen A, B und C sind A und C gleich lang (8 Wochen Dauer). Der Vorgang B aber variiert: im ersten Fall dauert er 13 Wochen, im zweiten nur zwei Wochen. Im dritten Beispiel soll er diejenige Dauer erhalten, die zur kürzesten Gesamtdauer A-B-C führt (Bild 94).

Die Vorgangsfolgen werden jeweils zweimal dargestellt: als Balken- und als Liniendiagramm. Vorgang B überlappt A. Er kann bereits zwei Wochen nach dem Start von A beginnen. Auch C hat einen »kritischen Abstand« von zwei Wochen zu B.

1. Zeichnen Sie die Abfolge A-B-C (8, 13, 8 Wochen) als Balkenplan gemäß den o. a. Randbedingungen und ermitteln Sie die Gesamtdauer!

2. Zeichnen Sie nun die Abfolge A-B-C mit der Dauer zwei Wochen für B als Balkenplan. Halten Sie die »kritischen Abstände« ein!

3. Nun soll die erste Abfolge (8, 13, 8) als Liniendiagramm dargestellt werden. Dabei bleiben die Start- und Endpunkte der Vorgänge sowie die »kritischen Abstände« die gleichen wie bei Aufgabe 1.

4. Auch die zweite Abfolge (8, 2, 8) soll nun gezeichnet werden. Es gelten die Bedingungen wie beim vorigen Beispiel Nr. 3!

5. Vergleichen Sie bitte die Ergebnisse der Balken- mit denjenigen der Liniendiagramme! Stimmen diese überein? Welche Darstellung liefert schneller richtige Ergebnisse? Welches Modell liefert die kürzeren Gesamtdauern?

6. Da sowohl die extrem lange als auch die extrem kurze Dauer nicht zu einem optimalen Ergebnis führen, wollen wir nunmehr die Mittelwerte ausprobieren, also zwischen sieben und neun Wochen. Wir zeichnen diesmal zuerst das Liniendiagramm für B = 7, dann B = 9 Wochen. Wie ändern sich dabei die Verknüpfungen zwischen den Vorgängen? Wie lauten in beiden Fällen die Gesamtdauern?

7. Schließlich wählen wir für B die gleiche Dauer wie bei A und C. Wie lautet das Ergebnis?

8. Stellen Sie Nr. 7 nun auch als Balkenplan dar.

Was fällt Ihnen auf?

Welches Bild ergibt sich?

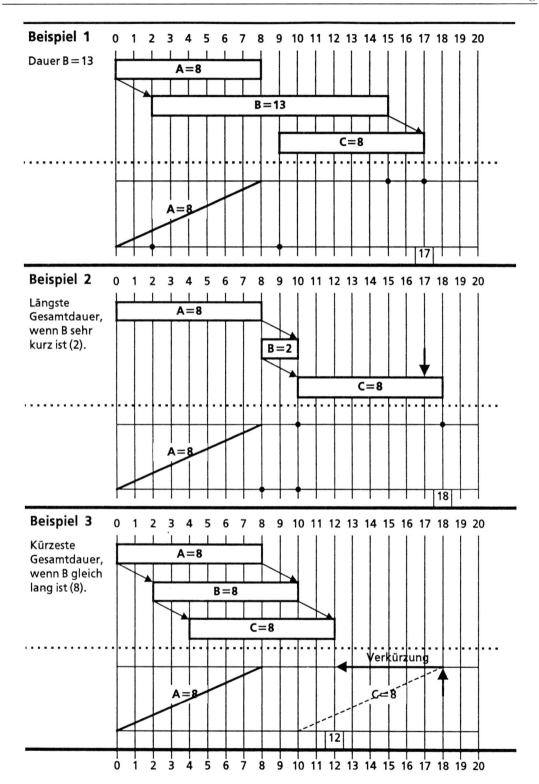

Bild 94: Realistische Terminplanung durch Produktionspläne

Was können wir aus diesem ersten Beispiel lernen?

1. Kurze und kürzeste Durchlaufzeiten erreichen wir nicht nur durch erhöhten Finanz- und Materialaufwand, sondern auch durch die intensive Überlappung von Vorgängen.

2. Dabei werden die Gesamtdauern des Ablaufes um so kürzer, je mehr die Dauern der Vorgänge gleich sind. Im Idealfall dauern alle Takte gleich lang.

3. Während die »konventionelle« Terminplanung die Dauer eines Vorgangs aus der Menge, geteilt durch die (Wochen- oder Tages-) Leistung errechnet, wird bei der Taktfertigung zuerst eine Dauer vorgegeben. Als zweiter Schritt erst wird überlegt, mit welchem Personaleinsatz diese Dauer erreicht werden kann.

Beispiel:
Anstatt zu rechnen: » 2000 m² Estrich verlegen dauert bei einer Tagesleistung von 100 m² pro Tag insgesamt 20 Arbeitstage für eine Kolonne, sagen wir nun: Wenn ich 2000 m² Estrich in zwei Wochen fertigstellen muß, ergibt dies eine Tagesleistung von 200 m² pro Tag, so daß man zwei Kolonnen benötigt.«

4. Einsatzmittel werden damit erst zuletzt festgelegt (wenn das überhaupt nötig sein sollte!).

5. Dafür haben wir die schwierige Entscheidung zu treffen, wie die »mittlere« Taktdauer aller Vorgänge lauten soll und wie weit die Takte voneinander entfernt sein müssen (»kritische Abstände«).

Nach dieser Übung haben Sie bereits eine Vorstellung davon,

- wie man Liniendiagramme zeichnet,
- wie man Balkenpläne in Liniendiagramme umwandeln kann,
- wie man Liniendiagramme als Balkenpläne darstellt,
- welche Vorteile die Darstellung als Liniendiagramm bietet,
- wie man Anordnungsbeziehungen im Liniendiagramm liest,
- wie man einfache Taktfertigungen organisiert,
- wie man die Gesamtdauer bei Taktfertigungen ermittelt (Dauer 8 + [zwei kritische Abstände = 2 x 2 =] 4 = 12 Wochen).

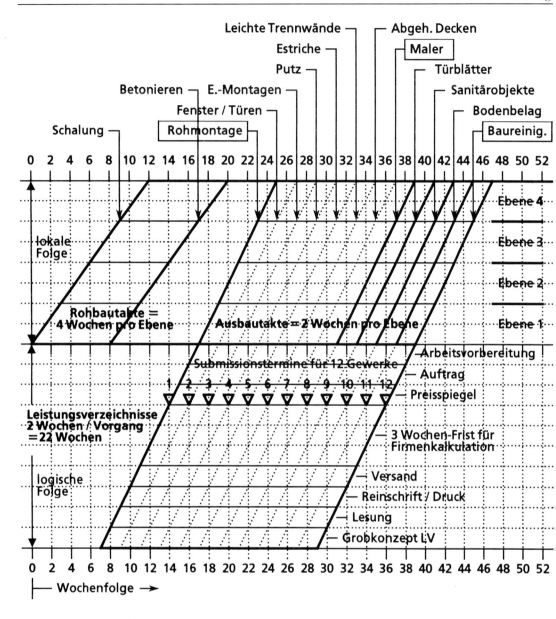

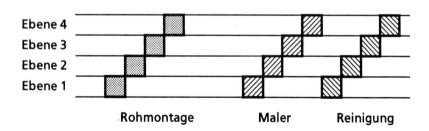

Bild 95: Liniendiagramm mit Zeichnungen, Vergabe und Ausführung

Übungsaufgabe 2

Liniendiagramm

Bild 95 zeigt uns ein dreigeteiltes, kariertes Ablaufschema. Die oberen 42 mm Höhe sind der Darstellung des Rohbaus (links) und des Ausbaus (rechts) vorbehalten. Im mittleren Teil (53 mm hoch) sind die Vorgänge der Ausschreibung und Vergabe dargestellt. Im unteren Teil schließlich finden wir einige Vorgänge des oberen Teiles, aber als Balken pro Ebene gezeichnet.

Horizontal sind 26 Kästchen vorhanden, die als die Wochen 0 bis 52 abzulesen sind. Unsere Aufgabe besteht darin, ein kombiniertes Ablaufmodell »Rohbau, Ausbau, Ausschreibung der Ausbauarbeiten« zu entwickeln.

2.1   Der Rohbauablauf

Das Projekt gliedert sich in vier gleich große Ebenen. Der Schalungsaufwand soll drei Wochen pro Ebene dauern, so daß Ebene 4 nach zwölf Wochen geschalt ist. Auf jeder Ebene werden acht Wochen Bewehrung und Betonieren angesetzt, so daß Ebene 4 nach insgesamt 20 Wochen fertiggestellt ist. Das Richtfest kann demnach nach knapp fünf Monaten gefeiert werden (13 + 4 + 3). Fünf Wochen für Zimmermann und Dachdecker, damit in der 25. Woche der Bau regendicht ist.

Zu diesem Zeitpunkt sind die Fallrohre gesetzt und der Regenwasserkanal angeschlossen!

2.2   Der Ausbauablauf

Pro Ebene soll der Normaltakt zwei Wochen dauern, für jedes Gewerk also acht Wochen im gesamten Gebäude. Die Takte sollen zwei Wochen Abstand voneinander haben. Der gesamte Ausbau dauert dann bei zwölf Takten

8 Wochen pro Takt
+ (11 x 2) = 22 Wochen
(Summe der Taktabstände) =

insgesamt 30 Wochen. Bei einem Ende in der Woche 47 muß er demnach beginnen in der Woche 17. Die zwölf Takte des Ausbaus sollen sein:

1. Rohmontage Heizung, Sanitär
2. Fenster- und Türenmontage (außen)
3. Rohmontage Elektroarbeiten
4. Putz, Stahlzargen, Fliesen
5. Estricharbeiten
6. Leichte Trennwände
7. Abgehängte Decken, Schlosserarbeiten
8. Malerarbeiten
9. Türblätter, Elektrofeinmontage
10. Sanitäre Objekte, Einbauküchen
11. Bodenbeläge, Schließanlage
12. Nacharbeiten, Baureinigung

Die letzten fünf Takte sind bereits im Ablaufmodell eingezeichnet, dazu der erste Ausbautakt (Technische Rohmontagen). Die Basislinie der Ebene 1, also die mittlere horizontale Linie des Liniendiagrammes weist zwölf Punkte auf, an denen jeweils die Ausbauarbeiten beginnen. Diese Punkte sind die Schnittstellen zum Liniendiagramm AVA, das nachfolgend beschrieben wird.

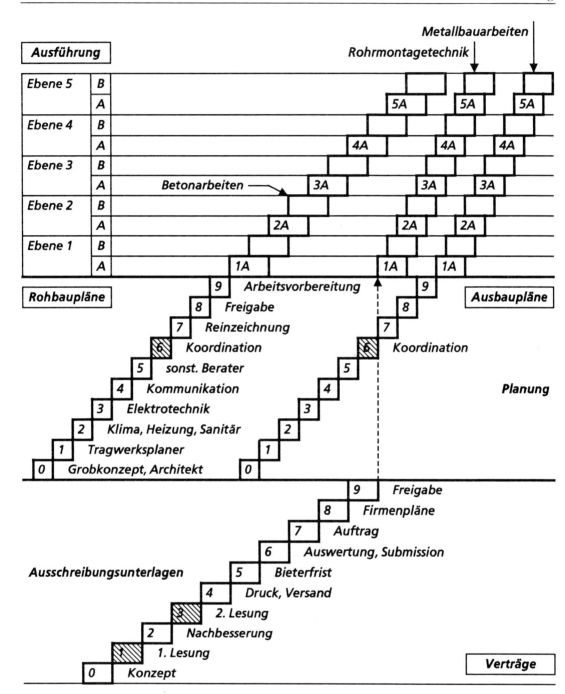

Bild 96: Terminierung der technischen Koordination

2.3 Das Liniendiagramm der Ausschreibung und Vergabe

Während das Liniendiagramm Roh- und Ausbau lokal gegliedert ist (4 Ebenen), wird das Liniendiagramm der AVA logisch gegliedert. Es enthält acht Vorgänge, mit denen der gesamte Ausschreibungsablauf beschrieben wird. Es wird angenommen, daß ohne fertiggestellte Ausführungszeichnungen nicht mit dem Konzept des ersten Leistungsverzeichnisses begonnen werden kann (Bild 96).

Drei Takte (= 3 Wochen) werden für die Ausarbeitung des Angebotes angesetzt (unten, Nr. 5). Am Ende dieses Vorganges steht jeweils die *Submission,* die als Voraussetzung für die Erstellung des Preisspiegels als Abfolge von zwölf Ausschreibungen, mithin als horizontale Linie dargestellt ist. Oberhalb der Linie steht der jeweilige Takt (Bild 95, Mitte).

Beispielsweise beginnt das Konzept der Malerarbeiten in der 21. KW. In der 22. KW wird der Text gelesen und überarbeitet, in der 23. KW ins Reine geschrieben, freigegeben und vervielfältigt. Versand in der 24. KW. Angebotsfrist bis Ende der 26. KW, Submission in der 27. KW. Der Preisspiegel wird in der 28. KW erstellt, der Auftrag in der 29. KW erteilt. Spätestens eine KW später müssen alle Materialien angeliefert sein, so daß pünktlich in der 31. KW auf der Baustelle begonnen werden kann.

2.4 Die technische Koordination der Ausbauarbeiten

Das Ablaufmodell der AVA kann in ähnlicher Weise auch für die technische Koordination verwendet werden. Anstelle der zehn Vorgänge der AVA könnte man beispielsweise folgende Vorgänge berücksichtigen:

0. Zeichnungskonzepte Architekt
1. Konzepte Statiker
2. Konzepte Haustechnik
3. Konzepte Elektro und MSR
4. Kommunikation
5. sonstige Berater
6. Koordination aller Planer
7. Reinzeichnungen (evtl. 2 bis 3 KW)
8. Freigabe aller Reinzeichnungen Architekt
9. Freigabe Bauleitung und Arbeitsvorbereitung

Die Schnittstelle deckt sich mit derjenigen der AVA gegenüber der Ausführung.

2.5 Die technische Koordination der Rohbauarbeiten

Diese entspricht derjenigen der Ausbauarbeiten, hat aber Schnittstellen zu den jeweiligen Schal- und Bewehrungsarbeiten. Diese müssen zweckmäßigerweise noch nach den Ebenen unterteilt werden, damit die tatsächlichen, spätest zulässigen Ablieferungstermine erkennbar sind. In der Praxis spielt diese Rohbaukoordination eine erheblich wichtigere Rolle als die (meist überhaupt nicht durchgeführte) Koordination der Ausbauzeichnungen. Dann muß auch noch der Prüfingenieur, die Lieferzeit der fertigen Stahlbewehrung oder die Zeit für eventuell erforderliche Korrekturen des Prüfers eingeplant werden.

Literaturverzeichnis

1. Brandenberger, J. u. E. Ruosch:
»Projektmanagement im Bauwesen«
Zürich-Dietikon, Baufachverlag,
1974

2. Brandenberger, J. u. E. Ruosch:
»Ablaufplanung im Bauwesen«
Zürich-Dietikon, 3. überarb.
Auflage, 1993

3. Burghardt, M.:
Projektmanagement, Leitfaden für die
Planung, Überwachung und Steuerung von Entwicklungsprojekten
2. überarb. Auflage, Berlin, München,
1993

4. Dürfer, E. (Hrsg.):
»Projektmanagement International«,
Stuttgart, 1982

5. Deutsche Normen:
DIN 69900, Netzplantechnik,
Begriffe, Teil 1, Aug. 1987
DIN 69901, Projektmanagement,
Begriffe, Aug. 1987
DIN 69903, Projektwirtschaft:
Kosten, Leistung, Finanzmittel,
Aug. 1987
DIN 69905, Projektwirtschaft: Pro-
jektabwicklung, Begriffe, Dez. 1990
Alle: Beuth-Verlag, Berlin

6. Hasselmann, W.:
»Projektkontrollen beim Planen und
Bauen, Qualität – Zeit – Kosten«
Verlagsgesellschaft Rudolf Müller,
Köln, 1984
ISBN 3-481-13821-0

7. Hansel, J. u. G. Lomnitz:
»Projektleiter-Praxis, erfolgreiche
Projektabwicklung« durch verbesser-
te Kommunikation und Kooperation
Springer-Verlag, Berlin, 1987
ISBN 2-540-15153-2

8. Heeg, F. J.:
»Projektmanagement«
Carl Hanser, 2. Auflage, München
ISBN 3-446-15573-3

9. Kuhne, V. u. H. Sommer:
»Netzplantechnik im Hochbau«
Bauverlag Wiesbaden, Berlin, 1977

10. REFA:
»Methodenlehre der Betriebs-
organisation« 6 Bände
Hanser, München, 1991
ISBN 3-446-16354-9
Teil 1: Grundlagen
Teil 2: Programm und Auftrag
Teil 3: Terminierung, Zeitermittlung
Teil 4: Qualitätsplanung
Teil 5: Kostenplanung
Teil 6: Netzplantechnik

11. Platz, J.:
»Projektmanagement in der
industriellen Praxis«,
Berlin, 1986

12. RKW:
»Projektmanagement-Fachmann, ein
Fach- und Lehrbuch in 2 Bänden«
Eschborn, 1991,
ISBN 3-926984-57-0

13. Rösch, W.
   »Ablaufplanung im Installations-
   sektor«
   in: TAB Technik am Bau, Heft 4,
   April 1973, Seiten 1521 bis 1529

14. Rösch, W. u. W. Volkmann:
   Kapitel 4 »Koordination«
   in: Weeber, H. (Hrsg.):
   »Bauleitung und Projektsteuerung
   für Architekten und Ingenieure«
   Kissing, 1992

15. Rösch, W.:
   »Grundlagen der Terminplanung«
   Seminar 27 der Architektenkammer
   Nordrhein-Westfalen am 2. 12. 1992,
   Düsseldorf-Hubbelrath (Koseido)

16. Rösch, W.:
   Auf dem Weg zu einem »Integrierten
   Baucontrolling«,
   GPM-Forum Kassel, 1988,
   Seiten 409 bis 428

17. Rösch, W.:
   Vernetztes Denken beim Projektmanagement
   GPM-Forum Garmisch-Partenkir-
   chen, 1989, Seiten 307 bis 316

18. Rösel, W.:
   Baumanagement
   2. Auflage 1992, Wiesbaden, Berlin,
   Bauverlag

19. Reschke, H.:
   Handbuch Projektmanagement,
   1. Auflage, 2 Bände, Köln, 1989

20. Schiel, J.:
   »Projektmanagement, Aufgaben,
   Kosten, Nutzen«
   in: VDI-Zeitung 122, Nr. 14, Juli
   1980

21. Volkmann, W.:
   »Kurze Durchlaufzeiten durch internes Projektmanagement«
   in: Motzel, E. (Hrsg.)
   »Projektmanagement in der Baupraxis«
   Wilh. Ernst und Sohn, Berlin, 1993

22. Volkmann, W.:
   »Kurze Projektdurchlaufzeiten –
   Schnelligkeit entscheidet auf den
   Märkten der Zukunft«
   in: VDI-Bericht 932, Seiten 73 bis 92.
   VDI-Leitkongreß »Projektmanage-
   ment beim Bauen«,
   Hannover, 10. bis 11. Februar 1992

23. Zogg, A.:
   »Systemorientiertes Projektmanage-
   ment«,
   Zürich, 1974

Stichwortverzeichnis